GREEN BUILDING AND ENERGY−SAVING MATERIALS
Durability Research

绿色建筑节能材料
耐久性研究

丁 杨 周双喜 魏 纲 丁 智 佘安明 ◎ 著

ZHEJIANG UNIVERSITY PRESS
浙江大学出版社
·杭州·

图书在版编目（CIP）数据

绿色建筑节能材料：耐久性研究 / 丁杨等著.
杭州：浙江大学出版社，2024. 8. -- ISBN 978-7-308
-25375-8

Ⅰ. TU5

中国国家版本馆 CIP 数据核字第 2024UN7828 号

绿色建筑节能材料:耐久性研究

丁　杨　周双喜　魏　纲　丁　智　佘安明　著

责任编辑　陈　宇

责任校对　赵　伟

封面设计　浙信文化

出版发行　浙江大学出版社
　　　　　　（杭州市天目山路 148 号　邮政编码 310007）
　　　　　　（网址：http://www.zjupress.com）

排　　版　杭州星云光电图文制作有限公司

印　　刷　浙江新华印刷技术有限公司

开　　本　710mm×1000mm　1/16

印　　张　10.5

字　　数　200 千

版 印 次　2024 年 8 月第 1 版　2024 年 8 月第 1 次印刷

书　　号　ISBN 978-7-308-25375-8

定　　价　58.00 元

浙江大学出版社市场运营中心联系方式：0571-88925591；http://zjdxcbs.tmall.com

前　言

近年来,我国建筑业飞速发展,建筑能耗也不断增加,建筑节能这一领域获得了越来越多的关注。本书以多孔介质传热传质学为理论基础,以建筑屋面结构内的热湿迁移及上人屋面荷载等问题为工程背景,对夏热冬冷地区的屋面系统进行结构设计,并对其宏观性能演变规律进行研究。

首先,本书对市场上常见的保温隔热材料及传热模型进行阐述,考虑屋面所处的实际环境,对传热、传湿、应力应变及其耦合方程进行深入研究,得出三种因素对材料导热系数的影响规律。

其次,本书利用导热系数测试仪对单种保温隔热材料及复合材料进行测试,对实验结果与有限元软件 COMSOL 的仿真结果进行对比分析。研究表明,COMSOL 软件的仿真结果与实测数据较为吻合,相对误差不超过 5%。书中进一步利用 COMSOL 软件对屋面系统进行模拟与设计。模拟结果表明,材料组合的正置性和倒置性对保温隔热性没有影响,保温隔热层的形状及拼接方式对传热过程影响较小,界面处不同材料的选取会导致热桥效应的增加,对保温隔热性能影响较大。由于仿真计算可能会存在几何尺寸效应,因此需对单个材料选择不同的长度、宽度及高度进行计算。结果表明,材料的厚度对传热过程有很大的影响,且厚度与传热速率呈非线性关系;长度和宽度对传热过程无任何影响。对单种材料进行复合处理得到小部品构件,并对小部品构件的拼接数量进行计算发现,随着拼接数量的增加,传热过程会逐渐加快。

最后,本书结合冻融、湿热、干湿、高低温及多场耦合耐候性实验对基本材料及材料组合进行导热系数宏观演变规律研究。结果表明,泡沫混凝土开孔率高、强度低,会在干湿循环、高低温循环和冻融循环作用下出现泡孔破坏倒塌和板材开裂等现象,这导致保温隔热性能下降,且在多场耦合作用下产生长度为 2~4cm 的裂纹,随着龄期增长,裂纹数目增多,导热系数逐渐提高;硬质聚氨酯泡沫塑料主要受湿热老化影响,湿热环境致使聚氨酯硬泡中的氨基甲酸酯基降解,硬泡表层形成空洞及倒塌型泡孔,原封闭泡孔的破裂和倒塌及发泡剂气体的逸出导致聚氨酯硬泡在湿热环境和多场耦合作用期间的导热系数值持续上升；真空绝热板因其阻隔膜有良好的阻气、阻湿作用，能在上述不利环境中维持性能稳定。复合构造的保温隔热材料性能变化主要取决于复合基材，复合构造有助于缓解环境对特定材料造成的不利影响，避免保温隔热材料因热工性能出现急剧下降而失效。本书利用COMSOL软件分别计算屋面复合材料的热传递、热湿耦合传递和热固耦合传递，结果表明，热固耦合会略微加快传热过程，但基本可以忽略。当考虑到防水层时，热湿耦合会减缓传热过程，这是因为屋面的防水层使水一直覆盖在材料的表面，高温下液态水蒸发会带走部分热量从而减缓传热过程；当不考虑防水层时，即各材料接触处为饱和水时，热湿耦合的传热速率比热固耦合要快得多。本书在多场耦合的基础上，进一步结合工厂的实际需要对屋面系统结构进行优化设计。结果表明，保温隔热材料之间的宽度在 60mm 以内时效果最佳；在屋面系统四周粘贴一层保温材料能够更好地阻热，从而达到断热桥的效果。

本书通过耐候性实验和 COMSOL 软件三维仿真对屋面系统进行了多场耦合模拟，对从屋面材料的选取到结构设计的全过程进行分析，得到了保温隔热性能较好的屋面构造形式，为今后的实际屋面设计提供了一定的指导。

本书第 2 章至第 6 章以及第 8 章由丁杨（浙大城市学院）撰写完成，第 1 章由魏纲（浙大城市学院）和丁智（浙大城市学院）撰写完成，第 7 章由周双喜（广州航海学院、华东交通大学）和佘安明（同济大学）撰写完成。同时，感谢王中平教授（同济大学）、魏永起教授（同济大学）和董晶亮教授（华东交通大学）对本书的指导，本书中的部分试验由黄神恩（同济大学硕士）、孙杰（同济大学硕士）、韩震（华东交通大学硕士）、盛伟（华东交通大学硕士）、何子浠（华东交通大学硕士）完成。

此外，本书在浙大城市学院浙江省城市盾构隧道安全建造与智能养护重点实验室和城市基础设施智能化浙江省工程研究中心资助下出版，本书的研究成果得到了教育部人文社会科学研究青年基金项目（项目编号：23YJCZH037）和十三五国家重点研发计划重点专项子课题（项目编号：2016YFC0700807）资助，在此一并感谢。

目 录

第1章
绪　论

能源是社会发展的重要物质基础,是推动生产力向前发展的动力,是提高人民群众生活水平的先决条件[1]。随着科学技术的进步和社会生产力的高速发展,人类社会的物质文明得到了空前的发展。根据近30年来能源界的研究和实践,人们普遍认为:建筑节能是各种节能途径中潜力最大、最直接有效,且是缓解能源紧张问题、解决社会经济发展与能源供应不足这对矛盾的最有效措施之一。建筑能耗中最主要的是建筑采暖和空调能耗,建筑围护结构的耗热量约占建筑采暖和空调能耗的1/3以上,其中,屋面所占比重较大,约占建筑围护结构耗热量的55%～70%。2022年3月11日,住房和城乡建设部正式发布《"十四五"建筑节能与绿色建筑发展规划》,提出到2025年完成既有建筑节能改造面积3.5亿平方米以上,建设超低能耗、近零能耗建筑0.5亿平方米以上[2]。要实现建筑节能这一目标,就要在保证建筑使用功能和室内热湿环境质量的前提下,降低使用过程中的能源消耗活动,包括提高建筑中的能源利用率、合理使用能源等[3]。为达到建筑节能和施工验收标准,需合理设计建筑围护结构,降低围护结构造成的负荷,提高采暖、制冷、照明、给排水和通风系统的运行效率,以不降低居住质量和舒适度为前提,合理利用可再生资源,降低能源消耗。

1.1　国内外典型保温材料研究现状

目前,我国建筑能耗占全社会终端总能耗的约30%,单位面积能耗比发达国家高出2～5倍。其中,建筑围护、屋面能耗占建筑能耗的60%以上[4]。因此,屋面保温材料的研究对绿色建筑的发展有着重要作用。本节依据主要因素概述了聚氨酯、泡沫混凝土、真空绝热板(vacuum insulation panel, VIP)的研究现状及应用。保温隔热性能由材料的导热系数直接体现,因此需分别考虑环境温度、湿度及应力对导热系数的影响。

德国的奥托·拜耳(Otto Bayer)教授于 1937 年首先发现了多异氰酸酯与多元醇化合物进行加聚反应可制得聚氨酯[4-5]。英国、美国等国家在 1945—1947 年从德国获得了聚氨酯树脂的制造技术,并于 1950 年相继开始工业化应用[4,6]。20 世纪 50 年代末,我国聚氨酯工业开始起步,硬质聚氨酯泡沫塑料在较小荷载作用下不产生显著变形且保温性能优异,故在那几年发展较快[7]。1959 年,苏联专家开始向中国推广泡沫混凝土技术[8]。泡沫混凝土相较于传统的化学保温隔热材料,具有更好的耐压强度和抗老化性[9],因此泡沫混凝土逐渐替代了传统的化学保温隔热材料[4,10]。近年来,真空绝热板的悄然崛起使建筑保温行业取得了突飞猛进的发展[11],从 20 世纪 80 年代布朗·博韦里(Brown Boverie)在德国海德堡发明的矩形真空外壳[12]到现在中国企业自己研发的真空绝热板。真空绝热板导热系数可低于 0.006W/(m·K),保温性能是传统保温材料的 6～10 倍[13]。真空绝热板的使用寿命可达 60 年,并可进行生物降解和二次回收利用,整个生产过程均符合绿色环保要求,保温性能优异,是目前最高效、环保的保温材料之一。

硬质聚氨酯泡沫塑料、泡沫混凝土、真空绝热板分别为有机类、无机类、新型复合类的典型保温隔热材料[4]。对它们的研究现状及应用做进一步的综述,可以加深对保温材料的了解。

1.1.1 硬质聚氨酯泡沫塑料

硬质聚氨酯泡沫塑料(硬泡)是一种聚氨酯制品,因其具有一般保温材料无法企及的保温隔热性能在国防、宇航、冷藏以及建筑等领域得到广泛应用。硬质聚氨酯泡沫塑料的生产原料有异氰酸酯、多元醇及各类助剂(如发泡剂、交联剂、扩链剂、泡沫稳定剂、催化剂等)。硬质聚氨酯泡沫塑料优良的保温隔热性能依赖于发泡形成的泡孔,泡孔内充斥着比空气导热系数小得多的氟利昂气体[14]。这些泡孔的尺寸和分布对材料的保温隔热性能起着决定性的作用。用扫描电镜观察到的硬质聚氨酯泡沫塑料的基本特征如下[15]。

(1)排列规则的泡孔。这类泡孔是硬质聚氨酯泡沫塑料泡孔的主体形式,泡孔孔径大约为 50nm;这类泡孔的大量存在使硬质聚氨酯泡沫塑料具有良好的保温隔热性能;泡孔孔壁会吸收泡孔内发泡剂的气体,进而影响材料的导热系数。

(2)泡孔形状有着不明显的混杂结构。出现这种结构大多是由局部聚合反应和发泡工艺不完善造成的。

(3)空洞及倒塌型泡孔。出现这类泡孔是因为在发泡过程中泡沫的稳定性较差,泡孔的骨架强度不足以阻止这种破裂的蔓延,局部的空洞或大片的泡沫倒塌。具有这类结构的材料,其保温隔热性能会大大降低。

(4)泡孔形状不明显的混杂结构。出现这种结构多是由局部聚合反应和发泡工艺不完善造成的。

得到具有良好保温隔热性能的硬质聚氨酯泡沫塑料的关键在于通过发泡获得大量稳定、排列规则的闭孔。同时,通过获得的图像可发现,沿发泡方向的泡孔结构与垂直发泡方向上的泡孔结构并未有实质性的区别。据此推测,正常发泡下,沿发泡方向与垂直发泡方向上的导热系数没有明显的差异。

1. 硬质聚氨酯泡沫塑料的热传导

硬质聚氨酯泡沫塑料最主要的特征是导热系数小和保温隔热性好,故其在保温隔热领域得到了广泛应用。泡沫塑料的导热系数可简单看成几个因素的和:

$$\lambda_p = \lambda_g + \lambda_s + \lambda_r + \lambda_c \qquad (1.1)$$

式中,λ_p 为硬质聚氨酯泡沫塑料的导热系数;λ_g 为泡孔内气体的导热系数;λ_s 为泡沫塑料基材的导热系数;λ_r 为辐射传热系数;λ_c 为对流传热系数。

气体、固体和辐射这三种因素所占的比例因原料组成、成型工艺条件的不同而不同,各类文献对此的报道也不完全相同。由 CFC-11 和水发泡得到的硬质聚氨酯泡沫塑料,气体传热占 44%,固体传热占 20%,辐射传热占 33%[16]。另有研究显示,由 CFC-11 发泡得到的硬质聚氨酯泡沫塑料,气体传热占 50%~65%,固体传热和辐射传热占 35%~50%。泡孔的厚薄及大小会影响辐射传热,当硬泡密度小于 30kg/m³ 时,孔壁会变得很薄,辐射传热对硬泡的导热系数会随着发泡程度增大而增大。

影响硬质聚氨酯泡沫塑料导热系数的主要因素有发泡剂、主要原材料和添加剂。发泡工艺造成的泡孔变化有密度、温度、湿度等。

作为影响泡沫塑料导热系数的关键因素,开发和应用气体导热系数更低的发泡剂是科研工作者的当务之急,特别是在以氟利昂为代表的氟氯烃使用受到限制的当下。表 1.1 给出了几种常见发泡剂的气体导热系数。

表 1.1 几种常见发泡剂的气体导热系数

发泡剂	导热系数/[mW・(m・K)⁻¹]
CFC-11	8.7
HCFC-141b	9.7
HFC-245fa	12.2
环戊烷	12.6
二氧化碳	16.3

可见,硬质聚氨酯泡沫塑料的导热系数与材料密度相关,且大体上是随着密度的增加而增大的,但导热系数的增大与密度的增加并不成正比。研究发现,泡沫塑料密度在 $30 \sim 60 kg/m^3$ 时导热系数较小,且几乎没有什么变化。

通常定义的硬质聚氨酯泡沫塑料导热系数全是在室温下测定的。当温度下降时,硬质聚氨酯泡沫塑料的导热系数几乎呈线性降低趋势;若温度继续降低,硬质聚氨酯泡沫塑料的导热系数也将继续降低。由于二氧化碳的沸点很低,故二氧化碳发泡的硬泡就不存在此现象。实验表明,温度为 $0 \sim 90 ℃$ 时,每上升 $10 ℃$,硬质聚氨酯泡沫塑料的导热系数大约要增加 $1mW/(m \cdot K)$。

硬质聚氨酯泡沫塑料吸收潮气后导热系数会增加。水汽的导热系数是硬质聚氨酯泡沫塑料的 20 倍,若硬质聚氨酯泡沫塑料吸收体积分数为 1% 的水汽,则导热系数约增加 $1.5mW/(m \cdot K)$。为满足保温效果,一定要在硬质聚氨酯泡沫塑料的表层布置防潮层。

2. 硬质聚氨酯泡沫塑料的热老化

影响硬质聚氨酯泡沫塑料导热系数的主要因素还有材料的热老化。由于材料会发生热老化,硬质聚氨酯泡沫塑料使用过程中的导热系数会随着时间的增长而逐渐增大,甚至影响到材料的正常使用。

硬质聚氨酯泡沫塑料在长期的服役过程中,同时受到气体扩散、温度、湿度、光照辐射和机械应力的作用,其保温隔热性能可能发生很大的改变。在硬质聚氨酯泡沫塑料的老化过程中,各种物理和化学因素的作用十分复杂,高温还可能引发材料的热分解和龟裂,甚至引起闭孔结构的破坏。

由于空气中的氮气和氧气比一氟三氯甲烷在聚氨酯中的扩散系数大(见表1.2),因此氮气和氧气进入泡孔的速度大于一氟三氯甲烷从泡孔中向外扩散的速度,泡孔中的气体压力在初期会逐步上升,泡孔中气体混合物的成分比例在不断变化,一氟三氯甲烷的浓度逐步减小,氧气和氮气的浓度逐渐增大。由于一氟三氯甲烷的导热系数比较低,故随着时间的推移,整个泡沫塑料的导热系数将逐渐增大。

表 1.2 气体在聚氨酯中的扩散系数

气体	扩散系数/$(10^{-13} m^2 \cdot s^{-1})$
一氟三氯甲烷	2.25
氮气	62.70
氧气	112.00

硬质聚氨酯泡沫塑料的有效导热系数 λ_e 可根据热阻的串、并联方法计算得到[16]：

$$\lambda_e = (1 - p^{\frac{2}{3}})\lambda_s + \frac{\lambda_s \lambda_g p^{\frac{2}{3}}}{\lambda_s p^{\frac{1}{3}} + (1 + p^{\frac{1}{3}})\lambda_g} \qquad (1.2)$$

式中，λ_s 为基材导热系数；p 为孔隙率；λ_g 为混合气体导热系数，可由下式计算得到：

$$\lambda_g = \sum \frac{G_i}{G}\lambda_{gi} \qquad (1.3)$$

式中，G_i 为混合气体中第 i 种气体的质量，λ_{gi} 为第 i 种气体的导热系数。

可通过气体分子的扩散理论来分析泡孔内气体的压力随时间的变化，即可得到气体压力 P 随时间的变化情况：

$$P = P_0 \exp\left(-D\frac{S}{V\delta}t\right) \qquad (1.4)$$

式中，P_0 为发泡后泡孔内该气体的初始压力；D 为该气体的扩散系数；S 为扩散表面积；δ 为扩散长度。

1.1.2 泡沫混凝土

1.泡沫混凝土的定义及性质

泡沫混凝土是指将泡沫剂制备成泡沫，再将泡沫加入料浆中的一种材料。料浆由水泥、骨料、掺合料、外加剂和水制成，经混合、搅拌、浇筑、成型和养护后形成轻质微孔混凝土[17]。

泡沫混凝土的主要性能有以下五点[18]。

(1)质量轻。泡沫混凝土的密度较小，通常为 $300\sim1200\text{kg/m}^3$。

(2)保温隔热性能好。泡沫混凝土的内部充满大量封闭、均匀、细小的圆形孔隙[23]。

(3)隔音性能优异。作为一种多孔材料，泡沫混凝土内部含有大量的封闭孔隙。

(4)不易燃、耐高温。水泥为其主要原料，属 A 级防火材料。

(5)泡沫混凝土在制作过程中可以掺加大量工业废渣，能有效利用废弃资源、变废为宝，利于环保。

在相同的供暖条件下，泡沫混凝土建筑的室内温度比传统实心黏土砖建筑的室内温度高 5℃以上，明显节约了采暖耗能。在炎热地区，泡沫混凝土可大大降低空调的使用时间，减少电耗。在我国现用的建筑材料中，泡沫混凝土是少数几种能实现建筑节能 65% 的材料，应用前景广阔。

2.泡沫混凝土孔结构

普通混凝土的孔结构可分为凝胶微晶内孔、凝胶微晶间孔、过渡孔(孔径约 1.6～100nm,与 Powers 提出的毛细孔相符,影响可逆干缩)和毛细孔[19]。泡沫混凝土引入了大量气泡,与普通的水泥混凝土的孔结构有着明显的区别,对孔尺寸的划分也有所不同。泡沫混凝土中除了凝胶孔、毛细孔外,还有引入的人工孔,在泡沫混凝土中被分别对应称作凝胶间孔、颗粒间孔和宏孔。宏孔一般较大,直径为 50～500μm[20],宏孔之间由一些砂浆壁隔开,大量凝胶间孔充斥其中,这些凝胶间孔直径大多小于 500nm。另外,在 0.05～50μm 的宏孔之间也存在较小的孔,即颗粒间孔。凝胶间孔对混凝土强度、耐久性等宏观性能基本没有影响,颗粒间孔和宏孔才对混凝土的宏观性能起决定性的作用[21]。

3.泡沫混凝土孔结构与其导热系数的关系

(1)坎贝尔·艾伦(Campbell-Allen)模型[22]。该模型可由欧姆定律导出,具体为:

$$k=k_s(2M-M^2)\frac{k_sk_a(1-M)^2}{k_aM+k_s(1-M)} \tag{1.5}$$

式中,$M=1-p^{1/3}$;k 为最终泡沫混凝土的导热系数;k_s 为固体的导热系数;k_a 为空气的导热系数。

(2)齐默尔曼(Zimmerman)模型[23]。此模型不仅考虑了泡沫混凝土的孔隙率,还考虑了孔的形状等因素,具体为:

$$\frac{k}{k_s}=\frac{(1-p)(1-r)+rp\beta}{(1-p)(1-r)+p\beta} \tag{1.6}$$

其中,

$$\beta=\frac{1-r}{3}\left[\frac{4}{2+(r-1)N}+\frac{1}{1+(r-1)(1-N)}\right] \tag{1.7}$$

式中,$r=k_a/k_s$,N 为孔的形状因子。定义 α 为孔的不规则轴与规则轴的长度比。当 $\alpha=1$ 时,为一正圆孔;当 $\alpha<1$ 时,为一扁圆孔;当 $\alpha>1$ 时,为一扁长孔。

对扁圆孔:

$$N=\frac{(2\theta-\sin2\theta)}{2\tan\theta\sin\theta} \tag{1.8}$$

式中,$\theta=\arccos\alpha$。

对扁长孔:

$$N=\frac{1}{\sin^2\theta}-\frac{\cos^2\theta}{2\sin^3\theta}\ln\left(\frac{1+\sin\theta}{1-\sin\theta}\right) \tag{1.9}$$

式中,$\theta=\arccos(1/\alpha)$。

随着孔隙率的增加,混凝土的导热性能会成比例下降[24]。在饱和水状态下,孔结构与导热性能的关系与 Campbell-Allen 模型吻合很好,但在考虑孔形状等因素后,实际情况与模型的偏差变大,这说明还有待建立更为精确的孔结构与导热性能关系模型[25]。

1.1.3 真空绝热板

真空绝热板是基于真空保温隔热原理制成的一种新型、高效的保温隔热材料,其通过最大限度提高板内真空度并填充芯材实现隔热保温、隔热传导,从而达到保温、节能等较为理想的效果和目的。相比于传统的聚苯板、聚氨酯泡沫等保温隔热材料,VIP 的导热系数可低至 $0.003\sim0.004\text{W}/(\text{m}\cdot\text{K})$,需要注意的是,它的水蒸气渗透系数较低,施工中需要采取注意措施以防止真空度被破坏。一旦真空度被破坏,芯材虽然不会出现空鼓、松散坠落等现象,但导热系数会变为 $0.018\sim0.020\text{W}/(\text{m}\cdot\text{K})$[26-28]。VIP 的主要性能参数见表 1.3[29]。

表 1.3　VIP 的主要性能参数

参数	指标
整体密度/$(\text{kg}\cdot\text{m}^{-3})$	$100\sim160$
导热系数/$[\text{W}/(\text{m}\cdot\text{K})]$	0.003
使用环境/℃	$-50\sim70$
压缩强度/MPa	$0.14\sim0.25$

VIP 由芯材、阻气层和吸气剂构成。VIP 的热量传递主要由芯材导热、内部残留气体导热、对流传热和辐射传热四部分组成[30]。为了最大限度降低这四部分的热量传递。VIP 在制作过程中需要最大程度地优化其各构成部分的性能,尤其要注意以下三个方面[31]:①芯材;②阻气层结构;③真空度。真空度的大小与 VIP 的热工性能息息相关。不同的芯材需要选择不同的抽真空压力。对于一般的开孔型发泡板,其孔径的分布范围为 $0.01\sim0.10\text{mm}$,为了保证好的保温隔热效果,板内的真空压力需要维持在 $1\sim100\text{Pa}$。而对于采用纳米孔芯材(其孔径的分布范围一般为 $10\sim100\text{nm}$)的 VIP,板内只要维持 $1\sim20\text{kPa}$ 的真空压力就可达到与一般开孔型的发泡板基本相同的隔热效果。

根据气体传输理论,当气体分子的平均自由程大于芯材的孔径时,即可有效防止气体的热传导及热对流。为了进一步降低芯材的热传递,VIP 的芯材一般选用热阻较高的具有多孔结构的材料来保证芯材有较低的固体热传导,以多孔结构阻碍内部气体的热传导,并限制内部残余气体的自由流动。其中,芯材的孔径越小,气体分布越均匀,对于提高 VIP 的绝热性能和延长服役寿命越有利。因此,低成本、高热阻、均匀多孔的轻质芯材是制备 VIP 的首选。

常用的 VIP 芯材主要可分为颗粒型、泡沫型、纤维型和复合型四种。颗粒型芯材多见微米级硅粉,其作为一种超微细无机颗粒材料,具有比表面积大、耐高温、强度高、便宜易得等特点,可以用以维系 VIP 的形状,但该类型芯材存在抽真空时颗粒易抽出,会堵塞真空设备的问题。泡沫型芯材常见的有开孔聚氨酯(PU)和聚苯乙烯(PS)泡沫塑料,开孔泡沫的孔间相互连通,孔径小、密度低、导热系数小,易于抽真空处理。泡沫型芯材的孔径很小,故气流阻力很大,内部对流传热作用微小,在总传热中,气体传热量较低,约为固体传热的十分之一。泡沫型芯材的不足之处在于,不能保证泡沫的完全开孔,由于闭孔的存在,在后期抽真空后,孔内的气体会逸出,降低了 VIP 的内部真空度,导致材料的绝热性能下降。纤维型芯材主要有岩棉、石棉和玻璃纤维几类。纤维型芯材具有密度低、直径小、导热系数低等优点。纤维型芯材在内部拼接铺设成叠层结构,方向随机,封装时,纤维间的气体被抽出,层与纤维间距减小,孔径变小、孔隙率变大,进而表现出高效的绝热能力。但存在纤维层内间接触,固相热传导较高,进而影响了制备的 VIP 绝热性能。复合型芯材以纤维为基材,通过将不同尺寸的颗粒填充在纤维孔隙空间中,形成一个具有相对密实结构的内部空间。

阻隔膜是真空绝热板生产制造中最关键的部件,对真空绝热板的性能及长期稳定服役起着举足轻重的作用。真空绝热板的阻隔膜要求如下。①阻气阻湿。阻隔膜必须在存在较大内外压差的情况下,有效隔绝外界的大气、湿气透过阻隔膜进入真空内部。②具备一定强度,防刺穿。③对流隔绝。阻隔膜的使用隔绝了空气对流引起的热量传递,将 VIP 中的一些气体分子运动限制在真空绝热板内部,可阻止气体的对流传热。④红外屏蔽及散射作用。真空绝热板中的金属铝膜能很好地对红外辐射起到反射和散射的作用,阻止热量以辐射形式传递。⑤降低"热桥效应"的影响。为了提高真空绝热板的阻气阻湿效果,阻隔膜中必须使用金属铝膜作为隔膜层,但金属铝是热的良导体,金属铝膜可能导致"热桥效应",因此,要求尽可能减小阻隔膜的铝膜厚度。

真空绝热板的阻隔膜可分为结构层、气体阻隔膜层及热封隔膜层。其中,结构层主要起到支撑阻隔膜的作用,又称"阻隔膜保护层",需要具有一定的强度、延展性和耐刺穿性,并且希望在实际工程施工中能很好地与水泥砂浆黏结,其常用的材质有聚碳酸酯薄膜(PC)、双向拉伸聚酯薄膜(PET)、双向拉伸聚酰胺(BOPA)和双向拉伸聚丙烯(PP)。气体阻隔膜层主要起到阻气、阻湿和延长材料的服役寿命的作用,主要有铝箔、镀铝材料和纳米涂层。热封隔膜层是整个阻隔膜的最里层,主要起到封装阻隔的作用,热封性薄膜有聚偏二氯乙烯薄膜(PVDC)和聚乙烯薄膜(PE)。

硬质聚氨酯泡沫塑料具有优异的隔热性能,可作为 VIP 的芯材,将其孔内气体抽出,则由气体进行的热传导占比便接近于 0。此时,开孔聚氨酯 VIP 的整体导热系数就等于泡沫材料的热传导导热系数和辐射热传导导热系数之和。

将硬质聚氨酯泡沫塑料作为 VIP 的芯材时,其开孔率越高越好,以便形成真空环境。如果泡沫材料中存在闭孔,少量闭孔泡沫内的气体会慢慢逸出,影响 VIP 的真空度[32]。要使 VIP 具有优良的隔热性能,芯材的开孔率应超过 95%。

1.2 国内外环境对导热系数影响研究现状

建筑行业对建筑能耗的要求越来越高,降低建筑能耗的一个有效的措施是在建筑材料中广泛采用保温隔热材料[33]。保温隔热材料最重要的一个指标就是材料的导热系数,其反映了材料热传导的能力[34]。作为物质的特性参数,材料导热系数有着重要的工程应用价值,被广泛用于建筑、石油化工、低温制冷等行业。在建筑行业,导热系数及由导热系数导出的材料热阻是反映建筑材料绝热性能的重要判别指标[35-36]。准确了解建筑材料的导热性能对于实施建筑节能具有重要的工程意义。

屋面材料的导热系数对建筑整体的保温隔热性能有着较大影响。影响混凝土材料导热系数的主要因素通常还是材料的内部孔结构[37],外界环境(如温度、湿度、应力)也会在一定程度上影响材料的导热系数[38]。因此,针对屋面材料的保温隔热性能,不仅需要考虑材料孔结构的差异,还需要考虑材料所处的环境带来的节能方面的影响。

1.2.1 温度对导热系数的影响

屋顶保温隔热材料会遇到高温和严寒两种极端天气,探讨导热系数与温度之间的关系极其重要。

成聪慧[39]通过对橡胶混凝土进行热性能试验研究,得出不同掺量的橡胶粉混凝土的导热系数与温度的关系如下。

掺量 3% 的橡胶粉混凝土:

$$\lambda = -0.0014T + 1.9545, R^2 = 0.9800 \tag{1.10}$$

掺量 5% 的橡胶粉混凝土:

$$\lambda = -0.0009T + 1.5342, R^2 = 0.9277 \qquad (1.11)$$

式中,λ 为导热系数;T 为环境温度;R 为相关系数(下同)。

根据上式可知,随着温度的升高,导热系数总体呈下降趋势,且掺量 5% 的橡胶粉混凝土的导热系数比掺量 3% 的橡胶粉混凝土的要低[40],但当温度逐渐升高至一定数值时,高温会将混凝土的内部破坏,使试件内部孔隙增多、孔隙率变大,从而提升保温效果,即意味着降低了导热系数。

吴清仁等[41]对岩矿棉采用稳态平板法研究温度和导热系数的关系:

$$\lambda = 0.0206 + 2.495 \times 10^{-4} T \qquad (1.12)$$

由于绝热材料的热传递机理,温度的变化对固相岩矿棉的导热和对流传热影响比较小,而对气相导热和热辐射的影响比较大[42]。这是因为空气导热与绝对温度的平方根近似成正比,热辐射的作用则随着温度的升高而成三次方增大。因此,岩矿棉材料的导热系数随着温度的升高而增大,这主要归因于气相导热和热辐射的作用。

贺玉龙等[43]对花岗岩进行了导热系数影响的试验,得出 20~60℃ 时花岗岩导热系数随温度升高而略有减小,其关系为:

$$\lambda = 3.1581 - 0.0043T, R^2 = 0.9939 \qquad (1.13)$$

由此可知,温度对花岗岩的导热系数影响甚微,这一特性主要与花岗岩自身的矿物组成成分以及颗粒大小有关[44]。

温度对不同材料的导热系数影响均不同,可能是正相关,也有可能是负相关,还可能影响不大。因此,在选择屋面保温隔热材料时,应首先关注材料所处的温度环境。

1.2.2 湿度对导热系数的影响

温度和湿度这两种环境因素有着互为因果的关系,如屋面处温度略高,湿度可能略低。湿度不仅影响材料的防水性能,还影响材料的保温隔热性。因此,需要分别分析两种类别材料的吸湿性和非吸湿性与导热系数的关系[45]。

王浩等[46]通过实验得出,对于非吸湿性的材料,相对湿度(relative humidity,RH)对其导热系数的影响很小,几乎可以忽略;而对于吸湿性的材料,在相同温度条件下,相对湿度对其导热系数会有很大影响,即湿度越大,导热系数越大。本书对实验数据进行拟合后得到以下关系。

吸湿性材料 SRM1450c:

$$\lambda = -0.0014\varphi^3 - 0.0083\varphi^2 + 0.0117\varphi + 0.0432 \qquad (1.14)$$

非吸湿性材料挤塑板：

$$\lambda=-9.7358\varphi^6+17.831\varphi^5-12.216\varphi^4+3.8901\varphi^3-0.5812\varphi^2+0.0371\varphi+0.03$$

$$(1.15)$$

非吸湿性材料泡沫板：

$$\lambda=8.3445\varphi^5-12.433\varphi^4+6.5419\varphi^3-1.5105\varphi^2+0.1508\varphi+0.0428 \quad (1.16)$$

非吸湿性材料玻璃板：

$$\lambda=17.902\varphi^4-29.289\varphi^3+16.854\varphi^2-4.0154\varphi+1.4183 \quad (1.17)$$

式中，φ 为相对湿度；λ 为导热系数（下同）。

蔡杰等[47]分别对 SRM1450c（玻璃纤维棉板）、GSBQ30002-1997（仿 NIST SRM1450c）和 EVA（乙烯-醋酸乙烯共聚物）三种材料进行了导热性能测试，通过实验数据拟合后得到以下关系。

SRM1450c 玻璃纤维棉板：

$$\lambda=3.717\times10^{-2}+2.033\times10^{-4}\varphi-4.816\times10^{-6}\varphi^2+4.349\times10^{-8}\varphi^3 \quad (1.18)$$

GSBQ30002-1997 仿 NIST SRM1450c：

$$\lambda=3.64\times10^{-2}+4.835\times10^{-5}\varphi-7.443\times10^{-7}\varphi^2+1.386\times10^{-8}\varphi^3 \quad (1.19)$$

EVA 乙烯-醋酸乙烯共聚物：

$$\lambda=-0.2313\varphi^4+0.2208\varphi^3-0.0599\varphi^2+0.0047\varphi+0.0357 \quad (1.20)$$

实验研究结果表明，吸湿性材料 SRM1450c 和 GSBQ30002-1997 的导热系数随着相对湿度的增大缓慢增加，增幅超过了 5%，而非吸湿性材料 EVA 的导热系数基本保持不变。

通过上述学者的实验研究可以得到，高湿度地区应尽量使用非吸湿性材料，以达到保温隔热效果；而在低湿度地区，吸湿性与非吸湿性材料都可使用。

1.2.3 应力对导热系数的影响

在建筑的结构设计中，屋面是竖向荷载承重部位[48]。因此，有些材料的抗拉性能需要达到规范中的要求，以免被拉断。当材料满足抗拉强度时，应力对材料的导热系数影响通常较小。

李月峰等[49]对膨胀石墨与 LiCl-NaCl 复合相变储能材料的导热性能进行了测试，得出其导热系数随压力的增加而不断增大，且会出现各向异性；在一定范围内，其导热系数随成型压力增加而增大，但压力超过一定范围后，增大幅度减小。本书通过对其实验数据进行拟合，得到 LiCl-NaCl 共晶盐的导热系数变化。

垂直压力方向：

$$\lambda=-0.0008P^2+0.0987P-0.3846 \quad (1.21)$$

平行压力方向：

$$\lambda = -0.0003P^2 + 0.044P + 0.6666 \tag{1.22}$$

式中，P 为压力，单位为 MPa；λ 为导热系数。

两个方向导热系数相差较大的原因是在压力的作用下，复合材料中的大量片层趋向于垂直压力方向，形成了连通支架，便于热量传输；而平行压力方向虽然有片层，但会形成有效连通，不利于热量传输[50]，从而造成垂直压力方向的导热系数要大于平行方向上的导热系数[51]。

由于材料各向异性的存在，导热系数也存在着各向异性。屋面处的荷载通常不会较大，因此压应力对导热系数的影响通常可忽略不计。

1.3　国内外热湿耦合传递模型研究现状

建筑围护结构通常暴露在非稳态的室外气候以及相对稳定的室内环境下，结构内存在温度梯度、水蒸气分压力梯度、总压力梯度，所以围护结构内部的吸湿区存在由温度梯度和水蒸气压力梯度引起的水蒸气迁移；毛细区存在由温度梯度和毛细压力梯度而引起的液态水迁移[52]。同时，总压力梯度作用下的空气渗透伴随着湿迁移。由此可见，多孔介质热质传递机理非常复杂。多孔介质中热湿传递理论的研究，其理论模型大致可以分为耦合场驱动模型、连续介质模型和混合理论模型[53]。其中最重要的是耦合场驱动模型，其发展经历了单场驱动模型、双场驱动模型和三场驱动模型三个阶段[54]。

1.3.1　单场驱动模型

克里舍尔（Krischer）液态水分传输：

$$m_w = \rho_w k \frac{\partial w}{\partial x} \tag{1.23}$$

水蒸气传输：

$$m_v = \frac{1}{\mu} \frac{D}{R_v T} \frac{\partial p_v}{\partial x} \tag{1.24}$$

式中，m_w 为水分通量，单位为 kg/(m² · s)；ρ_w 为水密度，单位为 kg/m³；k 为湿扩散系数；w 为体积含湿率，单位为%；m_v 为水蒸气通量，单位为 kg/(m² · s)；μ 为水蒸气扩散阻力因子，表示多孔介质材料中水蒸气与空气渗透性相比减少的倍数；D 为水蒸气扩散系数，单位为 m²/s；R_v 为水蒸气的气体常数；T 为绝对温度，单位为 K；P_v 为水蒸气分压，单位为 Pa。

水和水蒸气的卢科夫(Luikov)迁移关系式：

$$j_i = -\alpha_{mi}\rho_0\frac{\partial u}{\partial x} \tag{1.25}$$

式中，j_i 为水和水蒸气的扩散通量，单位为 kg/(m²·s)；α_{mi} 为水和水蒸气在孔隙中的扩散系数，单位为 m²/s；ρ_0 为多孔介质的分密度，单位为 kg/m³；$i=1$ 时为水蒸气，$i=2$ 时为水。

Krischer 迁移关系式和 Luikov 迁移关系式的主要区别在于：Krischer 迁移关系式把水和水蒸气的扩散区分开来，认为液态水传输的驱动力是多孔介质中液态水含量梯度，水蒸气传输的驱动力是水蒸气在空气中的分压力梯度，而 Luikov 迁移关系式则假设多孔介质中总含湿量梯度是液态水和水蒸气传输的驱动力[55]，只考虑了湿分驱动的单一驱动力原理，没有考虑多孔介质内部结构的复杂性和热湿传递过程的复杂性。因此，单场驱动理论模型在应用上存在很大局限性，且计算的精度较差。影响湿传递的众多因素很难归入一个特性参数来表示。

1.3.2　双场驱动模型

Philip 等[56]认为，相流体的运动由温度梯度与湿度梯度的同时作用驱动，并提出了以温度梯度和湿度梯度同时作用为驱动的双场耦合驱动理论模型：

$$J_w = -D_\theta\nabla\theta - D_T\nabla T - K_z \tag{1.26}$$

式中，J_w 为总质量流量，单位为 kg/(m²·s)；D_θ 为等温扩散系数，单位为 m²·s；θ 为含湿量，单位为 %；D_T 为热扩散系数，单位为 (W·m²)/kJ；K_z 为由重力产生的质量流量，单位为 kg/(m²·s)。

等温湿扩散系数 D_θ 和热扩散系数 D_T 均包含了来自气相和液相的扩散因素：

$$D_\theta = D_{\theta,1} + D_{\theta,v} \tag{1.27}$$

$$D_T = D_{T,1} + D_{T,v} \tag{1.28}$$

双场驱动模型把液态湿分方程和气态湿分方程有机地结合起来，并且把单一的湿驱动机制改为热湿驱动机制。然而，双场驱动模型增加了物性参数，这些物性参数虽然有明确的物理意义，但只能通过测量总流来反推计算，很难通过实验直接测量，因此双场驱动模型具有较大的不精确性。

1.3.3　三场驱动模型

Luikov 在研究多孔介质瞬态热湿耦合传递时，以傅里叶(Fourier)定律、菲克(Fick)定律和达西(Darcy)定律为基础，描述了无总压作用时非饱和多孔介质湿扩散过程，提出了另一个著名的多孔介质瞬态热湿耦合传递方程[57]：

$$\frac{\partial U}{\partial t} = \frac{\partial}{\partial x}\left(D_m \frac{\partial U}{\partial x}\right) + \frac{\partial}{\partial x}\left(D_T \frac{\partial T}{\partial x}\right) \tag{1.29}$$

$$\frac{\partial T}{\partial t} = \frac{1}{\rho c_p}\frac{\partial}{\partial x}\left(\lambda \frac{\partial T}{\partial x}\right) + \frac{r h_{lv}}{c_p}\frac{\partial U}{\partial t} \tag{1.30}$$

式中,D_m 为多孔介质材料的质扩散系数,单位为 m^2/s;D_T 为热扩散系数,单位为 $(W \cdot m^2)/kJ$;r 为相变因子。

许多研究人员在实际工程中对多孔介质内的热湿传递进行了研究,提出了相应的热湿耦合传递模型。

苏向辉等[58]以自然热湿环境下建筑围护结构内部的湿传递和湿积聚为背景,研究了多层多孔结构的热湿耦合传递特性,考虑到热湿传递过程中多孔介质材料的导热系数为空间和时间的函数,建立了多孔介质内的瞬态热湿耦合传递模型:

$$\rho c_p \frac{\partial T}{\partial t} = \frac{\partial}{\partial x}\left[\lambda(x,t)\frac{\partial T}{\partial x}\right] + h_{lv}\Gamma(x,t) \tag{1.31}$$

$$\frac{\partial \rho_v}{\partial t} + \frac{\Gamma(x,t)}{\varepsilon} = D_v \frac{\partial^2 \rho_v}{\partial x^2} \tag{1.32}$$

式中,$\Gamma(x,t)$ 为水分吸收率、凝结率或冻结率;ρ_v 为水蒸气密度,单位为 kg/m^3;ρ 为固相密度。

陈德鹏等[59]根据混凝土材料的多孔介质特性,分别分析了混凝土结构内部考虑相变过程和不考虑相变过程的热湿耦合传递机理。对于由固相材料和水组成的饱和多孔介质,不考虑热湿传递过程中相变时,根据水组分质量平衡和内能平衡可得微分方程:

$$\frac{\partial}{\partial t}(\rho e) + \text{div} j_Q = 0 \tag{1.33}$$

$$\frac{\partial}{\partial t}(\rho m) + \text{div} j_m = 0 \tag{1.34}$$

式中,j_Q 为热流通量,单位为 $kJ/(m^2 \cdot s)$;j_m 为湿流通量,单位为 $kg/(m^2 \cdot s)$;e 为比热能,单位为 kJ/kg;m 为湿分的浓度,$m = \dfrac{\rho_v}{\rho}$。

第 2 章
导热系数测定方法

随着我国建筑节能工作的不断开展,各种新型节能材料在建筑工程中得到了非常广泛的应用[60]。导热系数是反映材料热传导性质的物理量,用于表示材料导热能力的大小,是保温材料的一个重要参数[61]。实际围护结构施工时,不会仅仅选择一种材料来提高保温隔热性能,而是会将不同材料进行复合。因此,先对材料的组合方案进行初步的选取,而后通过导热系数测试仪等测试设备对基本材料的导热系数进行实测,最后将基本材料进行组合以测出复合材料导热系数,并结合COMSOL 仿真模拟方法与实测导热系数进行对比。

2.1　材料的选取

由于保温材料的种类较多,本章只选取几种典型的基本材料,材料的各个参数参考江苏省节能建筑常用材料热物理性能参数(见表 2.1)。

表 2.1　常用材料热物理性能参数

编号	材料种类	导热系数/[W/(m·K)]
1	岩棉板	0.040
2	矿棉板	0.040
3	黏结砂浆	0.110
4	泡沫混凝土	0.110
5	真空绝热板	0.005
6	膨胀聚苯板	0.040
7	聚氨酯	0.025
8	聚乙烯泡沫保温板	0.041
9	挤塑聚苯板	0.040
10	闭孔海绵橡胶板	0.038

2.1.1　材料方案的初步确定

从表 2.1 中选取 3～4 种材料进行复合黏结，得到表 2.2 所示的 10 种复合方案。

表 2.2　复合材料方案

方案	编号组合	界面材料(黏结)	厚度/mm
1	7+4+5	3	30+40+30
2	5+7+7+5	3	30+20+20+30
3	1+4+5	3	30+40+30
4	2+5+8	3	30+40+30
5	1+6+8	3	30+40+30
6	1+7+9	3	30+40+30
7	1+5+10	3	30+40+30
8	7+2+2+7	3	30+20+20+30
9	7+4+4+7	3	30+20+20+30
10	4+5+5+4	3	30+20+20+30

注:总厚度统一取 100mm。

2.1.2　材料方案的进一步确定

将复合保温材料的导热系数用电阻并联的方式进行计算，且按公式(2.1)和(2.2)进行计算[62-63]，得到 10 种方案的传热系数，如表 2.3 所示。

$$\lambda = \frac{1}{\dfrac{w_1}{\lambda_1} + \dfrac{w_2}{\lambda_2} + \cdots + \dfrac{w_n}{\lambda_n}} \tag{2.1}$$

$$K = \frac{\lambda}{\delta} \tag{2.2}$$

式中，$\lambda_1, \lambda_2, \cdots, \lambda_n$ 为各个基本材料的导热系数；$w_1, w_2, \cdots, w_n$ 为各个基本材料的厚度所占整体厚度的百分比；K 为传热系数；δ 为整体厚度。

如表 2.3 所示，只有方案 2 在保温层厚度为 100mm 时，传热系数达到工程要求。方案 5、6、8 和方案 9 在保温层厚度达到 200mm 时，仍达不到工程要求，故不予考虑。

由于在进行传热系数计算的过程中未考虑界面等因素对保温材料的影响，所以

表 2.3　各方案的传热系数

方案	复合导热系数	100mm 厚时传热系数	是否满足 <0.1	200mm 厚时传热系数	是否满足 <0.1
1	0.013221	0.13221	不满足	0.06611	满足
2	0.007353	0.07353	满足	0.03577	满足
3	0.014058	0.14058	不满足	0.07029	满足
4	0.010547	0.10547	不满足	0.05274	满足
5	0.040295	0.40295	不满足	0.20148	不满足
6	0.032258	0.32258	不满足	0.16129	不满足
7	0.010483	0.10483	不满足	0.05242	满足
8	0.029412	0.29412	不满足	0.14706	不满足
9	0.036184	0.36184	不满足	0.18092	不满足
10	0.011702	0.11702	不满足	0.05851	满足

注:根据课题要求,传热系数须达到 0.2 以下,但考虑各方面因素,理论分析中应达到 0.1 以下。

计算值与实际值相比偏小。所以在方案 1 和方案 3 中,当保温材料厚度为 200mm 时,传热系数均超过 0.05。如果考虑外部环境及内部自身因素,可能达不到传热系数小于 0.1 的要求。

2.1.3　材料的确定

根据表 2.3 所得的传热系数,本章选择上海华峰普恩聚氨酯有限公司生产的聚氨酯,如图 2.1(a)所示;青岛科瑞生产的真空绝热板,如图 2.1(b)所示;上海蜀通建材有限公司生产的泡沫混凝土,如图 2.1(c)所示;上海舜安公司生产的黏结砂浆,如图 2.1(d)所示。

(a) 聚氨酯

(b) 真空绝热板

(c) 泡沫混凝土   (d) 黏结砂浆

图 2.1   基本保温材料

2.2   导热系数研究方法

导热系数是材料的基本热物理性能参数之一,是一种宏观可测的物理量[64]。随着人们生活质量的提高,人们对建筑节能和居室环境的要求越来越高[65]。导热系数是合理选择保温材料和设计保温层厚度的重要依据。

2.2.1   导热系数测试原理

导热系数是物质在受热过程中表现出来的属性,一般都用宏观的方法研究与测试[66]。可通过建立适当的物理模型,根据热量传递理论进行数学分析,导出直接测量的物理量与导热系数之间的关系[67]。

对所有材料而言,凡是能为傅里叶导热方程特解提供所需边界条件的,都可测定导热系数[68]:

$$\frac{\partial}{\partial x}\left(\lambda_x \frac{\partial T}{\partial x}\right) + \frac{\partial}{\partial y}\left(\lambda_y \frac{\partial T}{\partial y}\right) + \frac{\partial}{\partial z}\left(\lambda_z \frac{\partial T}{\partial z}\right) = \rho c \frac{\partial T}{\partial t} \qquad (2.3)$$

式中,ρ 为密度;c 为比热容;λ_x、λ_y、λ_z 分别对应 x、y、z 方向上的导热系数。对于各向同性的介质,公式(2.3)可简化为:

$$\frac{\partial T}{\partial t} = a \nabla^2 T \qquad (2.4)$$

可由温度分布 T 随时间 t 的变化函数关系计算出热扩散率 a,然后再根据热容 ρc 确定导热系数 λ。

2.2.2 导热系数测试方法

导热系数是指在稳定传热条件下,1m 厚的材料、两侧表面的温差为 1K,且在 1s 内通过 $1m^2$ 面积传递的热量,用 λ 表示,单位为 W/(m·K)。导热系数的测试方法按照热流状态分,可分为稳态法和非稳态法两大类[69]。

(1)稳态法

稳态法在待测试样上温度分布稳定后进行实验测量,其分析的出发点是稳态导热微分方程。该方法的特点是实验公式简单、实验时间长,需要测量热流量和若干点的温度[70-71]。

(2)非稳态法

非稳态法在实验测量中,试样内的温度分布随时间而变化。通常是在试样的某一部分施加持续的或周期变化的热流,而在试样的另一部分测量温度随时间的变化率,即温度的响应,进而测出试样的热扩散率[72]。

2.2.3 测试方法的确定

对比上述两种测试方法的优缺点并考虑实验室条件,本书选择稳态法测试导热系数。导热系数的测定在单平板导热系数测定仪上进行,仪器型号为 IMDRY300-Ⅱ,由天津英贝尔科技发展有限公司生产。导热系数的测定依据国标《绝热稳态传热性质的测定标定和防护热箱法》(GB/T 13475—2008)进行:在 23℃,50%RH 的环境下状态调整 24h;冷热端面分别与试样紧密接触,调整压力范围,要求不大于 5kN;测试前设置热端温度 35℃,冷端温度 15℃,如图 2.2 所示。

图 2.2 导热系数测试仪

物体内部垂直于热传导方向的距离即为样品厚度;冷板热板温度分别设置为 15℃和 35℃。待检测样品内部形成稳定的温度分布后,导热系数测试仪根据这一温度分布按公式(2.5)计算出导热系数。

$$\frac{\Delta Q}{\Delta t}=\lambda A\frac{T_1-T_2}{h}\qquad(2.5)$$

式中,ΔQ 为热量;Δt 为时间差;λ 为导热系数;A 为材料接触面积;T_1 为热板温度;T_2 为冷板温度;h 为样品厚度。

根据上述方法对聚氨酯、真空绝热板、泡沫混凝土及黏结砂浆进行导热系数的测试,测试结果见表2.4。

表 2.4   材料参数

编号	材料	实测导热系数/[W/(m·K)]
1	25mm 泡沫混凝土	0.077382
2	30mm 聚氨酯	0.015302
3	15mm 聚氨酯	0.018608
4	2mm 黏结砂浆	0.200000
5	15mm 真空绝热板	0.006690

2.3   环境条件的研究方法

屋面长期暴露于室外,所处的环境较为复杂。室外空气的温度和湿度对屋面材料有着直接的影响,如温差会产生材料热应力,温度过高会使材料热老化,湿度过高会引起材料的渗水问题等。同时,要根据屋面结构的特点(上人屋面与不上人屋面),合理选取刚度较大的材料。

2.3.1   温湿度的控制与确定

为了更好地控制外界环境条件对保温隔热材料的影响,恒温恒湿箱是必不可少的实验仪器[73]。本章选择江苏无锡中天生产的恒温恒湿箱进行实验,如图2.3所示。其型号为 GDJS-010L,电压为 380V,功率为 6kW,温度范围为 $-40\sim150℃$,温度偏差不超过 $\pm2℃$,湿度范围为 20%RH~98%RH,湿度偏差不超过 $\pm3\%RH\sim\pm4\% RH$,升温速率为 3~5℃/min,降温速率为 0.7~1℃/min。

热工设计区划主要针对不同热工区的建筑热工要求来划分,我国划分为以下五个主要区域:严寒地区、寒冷地区、夏热冬冷地区、夏热冬暖地区和温和气候地区[74]。本书主要针对夏热冬冷地区的屋面保温隔热材料进行实验与仿真模拟分

图 2.3　恒温恒湿箱

析。以上海为例,夏季屋面温度约为 60℃,相对湿度约为 30%;冬季屋面温度约为 −20℃,相对湿度约为 90%;而室内温度通常为 20℃,相对湿度为 60%。

2.3.2　耐候性实验条件的确定

当材料温度低于 0℃ 的时间较长时,材料中的水分会结成冰,发生膨胀并出现裂缝,从而破坏材料结构。反复干燥及湿润状态下,材料会发生胀缩变形,破坏材料结构。因此,须对保温材料及其复合材料分别进行冻融循环实验和干湿循环实验。材料须在图 2.4 的冷冻机中放置 12h 后,再放入恒温恒湿箱中进行升温,然后在图 2.5 的密封箱中加水浸泡 12h 后放入烘箱烘干。冷冻机型号为 BC/BD-106GFA,电压为 220V,功率为 87W,冷冻能力为 11kg/24h,由澳柯玛股份有限公司生产。以 7 天为 1 个周期,将材料放入导热系数测试仪中进行测试。

图 2.4　冷冻机

图 2.5　密封箱

2.3.3　荷载的取值

屋面荷载可按《建筑结构荷载规范》(GB 50009—2012)来确定、选取,如表 2.5 所示。

表 2.5　屋面均布活荷载标准值及其组合值系数、频遇值系数和准永久值系数

序号	类别	标准值/ (kN · m⁻²)	组合值 系数 φ_c	频遇值 系数 φ_r	准永久值 系数 φ_q
1	不上人屋面	0.5	0.7	0.5	0.0
2	上人屋面	2.0	0.7	0.5	0.4
3	屋顶花园	3.0	0.7	0.6	0.5
4	屋顶运动场地	3.0	0.7	0.6	0.4

荷载组合分为承载能力极限状态和正常使用极限状态,因研究要求屋面保温材料与结构同寿命,于是选取在正常使用极限状态下的标准组合方程进行荷载组合:

$$S_d = \sum_{j=1}^{m} S_{G_j k} + S_{Q_1 k} + \sum_{i=2}^{n} \varphi_{c_i} S_{Q_i k} \tag{2.6}$$

式中,S_d 为效应设计值;$S_{G_j k}$ 为第 j 个永久荷载标准值计算的荷载效应值;$S_{Q_i k}$ 为第 i 个可变荷载标准值 $Q_i k$ 计算的荷载效应值。

根据表 2.5 计算出均布荷载值,利用重量法并结合模板使水泥成型,如图2.6 所示。最后将成型后的水泥板覆盖在保温材料之上,测定荷载对材料导热系数的影响。

图 2.6　成型后的水泥板

2.4　COMSOL 仿真软件

COMSOL Multiphysics 以有限元法为基础,通过求解偏微分方程来实现真实物理现象的仿真[75]。本章结合 COMSOL 软件强大的有限元功能,利用软件的固体热传导、湿传递和力学模块对保温隔热材料进行模拟计算。

2.4.1　实测复合材料导热系数

原材料选用上海华峰普恩聚氨酯有限公司生产的聚氨酯,上海蜀通建材有限公司生产的泡沫混凝土,南京金阳节能建材有限公司生产的黏结砂浆。实测的导热系数、厂家提供的比热容和密度如表 2.6 所示。

表 2.6　基本材料

编号	材料	实测导热系数/ $[W \cdot (m \cdot K)^{-1}]$	比热容/ $[J/(kg \cdot K)]$	密度/ $(kg \cdot m^{-3})$
1	25mm 泡沫混凝土	0.077382	1050	247.00
2	30mm 聚氨酯	0.015302	1380	39.15
3	15mm 聚氨酯	0.018608	1380	39.15
4	2mm 黏结砂浆	0.200000	1320	800.00
5	15mm 真空绝热板	0.006690	1280	196.48

将上述五种材料分别按表 2.7 所示方案进行复合组装,如图 2.7 所示。

表 2.7　实验方案

实验方案	编号组合
方案一	1+4+2
方案二	1+4+3
方案三	3+4+5
方案四	1+4+5

按照导热系数测试方法及上述方案得到实测数据(见表 2.8)。

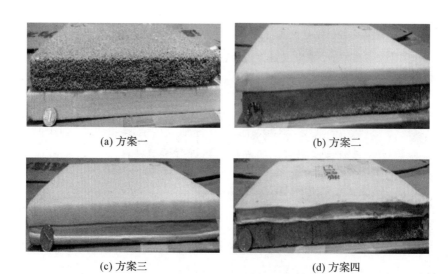

(a) 方案一　　　　　　　　　　(b) 方案二

(c) 方案三　　　　　　　　　　(d) 方案四

图 2.7　复合材料方案

表 2.8　实验实测结果

实验方案	实测复合导热系数/ $[W \cdot (m \cdot K)^{-1}]$
方案一	0.034557
方案二	0.039583
方案三	0.014944
方案四	0.018104

2.4.2　COMSOL 模拟对比

以方案一为例,建立模型并输入材料参数,如图 2.8 所示。初始值设置:室内温度为 20℃;热板为 35℃,冷板为 15℃;同时,进行网格独立性检验并在复合材料黏结处进行网格加密,根据公式(2.7)计算出平均有效导热系数,如图 2.9 所示。

$$\rho C_p \nabla T + \nabla(-\lambda \nabla T) = Q \tag{2.7}$$

式中,ρ 为材料密度;C_p 为比热容;∇ 为梯度算子;T 为温度;λ 为导热系数;Q 为热量。

结合 COMSOL 软件,选取结果中的派生值积分运算,分别计算出总热通量大小与温度梯度,计算结果见表 2.9。

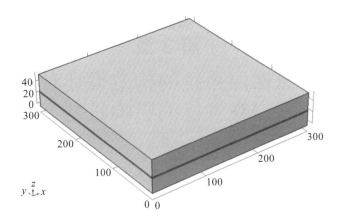

图 2.8　模型建立

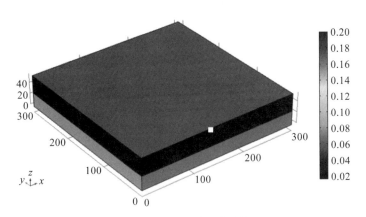

图 2.9　平均有效导热系数

表 2.9　仿真模拟结果

实验方案	仿真导热系数/$[W \cdot (m \cdot K)^{-1}]$	相对误差/%
方案一	0.033865	2.002
方案二	0.037942	4.145
方案三	0.015316	2.487
方案四	0.018605	2.767

COMSOL 软件的仿真计算结果与实测结果误差较小,但仍有偏差。一方面,没有对材料密度和比热容进行实测,造成了仿真误差;另一方面,仿真软件假设材料四周的边界条件为热绝缘,这与导热系数测试仪的边界条件有所不同。

第 3 章
屋面保温系统的构造设计对其
宏观性能的影响机制

保温隔热层对降低屋面结构负荷有着非常重要的作用,其中保温层材料的导热系数对传热过程的影响较大[76]。当使用新型复合保温材料时,屋面处的接缝处易形成复杂的三维温度场,这种温度场也被称为热桥[77]。由于热桥的存在,其一系列的效应会增加屋面的局部传热,同时降低热桥处屋面内表面温度[78],从而使屋面内表面温度低于室内空气的露点温度,导致屋面发霉甚至滴水,直接影响室内人员的舒适度[79]。

保温隔热层在高温和寒冷环境下对降低屋面结构负荷起着非常重要的作用。在构造形式分析上,杨晚生等[80]通过植被屋面对隔热层的性能进行了测试分析,得出植被屋面在表面现象的隔热性能较好,但对其传热机理缺少分析;汪帆等[81]通过一系列实践对构造进行改进,得到了屋面隔热效果的理论分析;丁杨等[82]对节能建筑的保温隔热层的厚度进行设计,得出了厚度的选取还应考虑热桥的影响。在三维热传导研究上,刘华存[83]通过对自保温系统的三维稳态的传热模拟,得到了模拟计算可以减小建筑构件中的多维传热带来的计算误差;许凯等[84]通过对节能窗进行数值模拟,得出了三维传热模拟与二维传热模拟的数值结果相差超过 6%。

许多学者分别对保温隔热层的构造及三维热传导进行了分析与研究,但将两者结合的研究分析较少。因此,本章通过 COMSOL 软件进行数值模拟,在保温层中分别选取三种不同的基本材料对保温隔热层进行三维热传导的模拟,得出不同的组合方案与热桥效应的关系和最佳的构造形式,从而为今后的屋面设计与施工提供较好方案。

3.1　热桥与导热系数的关系

节能建筑设计中采用了许多保温设计方法。但在实际工程中,保温材料与母材的连接处无法避免热桥,故只能降低热桥效应对建筑耗能的影响。本章在保温层中分别选取三种不同的基本材料,利用 COMSOL 软件对其进行模拟,得出不同的组合方案与热桥效应的关系。

3.1.1　材料方案的选取

分别选择规格（长×宽×高）为 300mm×300mm×30mm 的聚氨酯、泡沫混凝土和真空绝热板进行组合，组合方案见表 3.1。

表 3.1　组合方案

序号	材料组合	原因
方案一	真空绝热板＋真空绝热板＋真空绝热板	复合材料中的材料导热系数均相同
方案二	真空绝热板＋聚氨酯＋真空绝热板	复合材料中的材料导热系数较为接近
方案三	真空绝热板＋泡沫混凝土＋真空绝热板	复合材料中的材料导热系数差别较大

3.1.2　模型的建立

按照上述组合方案，考虑实际工程中屋面板的搭建建立模型，如图 3.1 所示。其中，记第一层保温材料底处的 a 点为 $(0,0,0)$。在三种组合方案中对 a 点进行计算求解，得到时间与温度之间的关系。

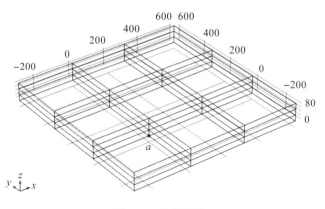

图 3.1　基本模型

同时，考虑某些地区夏季的极端气候，在初始条件的设置上，屋面温度设置为 60℃，室内温度设置为 20℃；而在冬季极端气候下，在初始条件的设置上，屋面温度设置为 -20℃，室内温度设置为 20℃。两块保温层的接触壁面按照公式（3.1）给出的第三类边界条件进行计算，没有接触面的断面按绝热计算，见公式（3.2）[85]。对模型进行网格离散，并在接触面对网格进行加密[86]，具体的网格划分如图 3.2 所示。

$$-\lambda\left(\frac{\partial t}{\partial n}\right)_w = h(t_w - t_f) \qquad (3.1)$$

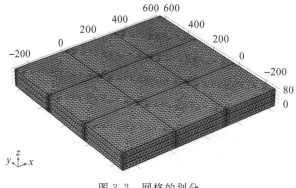

图 3.2   网格的划分

$$-\lambda\left(\frac{\partial t}{\partial n}\right)_w = 0 \qquad\qquad (3.2)$$

式中，λ 为导热系数；n 为 x、y 的外法线方向；h 为表面传热系数；t_f、t_w 分别为室内和室外的温度。

3.1.3   模拟方案结果

对于单块保温材料，当温度只沿上下方向传递，四周为热绝缘部分时，不考虑热桥效应；而根据实际情况，温度不仅沿上下方向传递，还会向四周传递，故需要考虑热桥效应[87]。下面根据这两种不同的效应进行模拟（屋面温度设置为 60℃，室内温度设置为 20℃），得出三种方案的温度-时间图。

在方案一中，单块保温材料由三层真空绝热板拼接而成。随着时间的变化，考虑热桥与不考虑热桥两者的温度差也逐渐加大，第 10 小时，两者温差约为0.3℃，对人体舒适度的影响可以忽略不计，如图 3.3 所示。

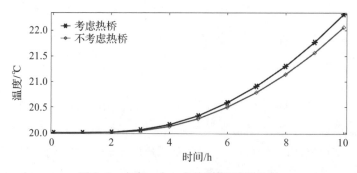

图 3.3   方案一中 a 点的温度-时间关系

在方案二中，单块保温材料由两层真空绝热板夹一层聚氨酯拼接而成。在第10 小时，考虑热桥时的 a 点温度为 26.7℃，而不考虑热桥时的温度约为 25.8℃，方案二的温差为方案一的 3 倍,如图 3.4 所示。

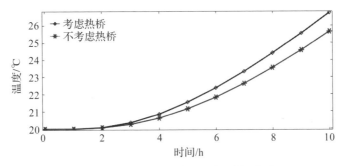

图 3.4　方案二中 a 点的温度-时间关系

在方案三中,单块保温材料由两层真空绝热板夹一层泡沫混凝土拼接而成。整个时间段内,考虑热桥与不考虑热桥的温差逐渐增大,第 10 小时,两者温差约为 1.2℃,且不考虑热桥时 a 点温度为 23.1℃,如图 3.5 所示。方案二在第 10 小时,不考虑热桥时 a 点的温度为 24.3℃,如图 3.5 所示,因此方案三的热桥效应比方案二的热桥效应要大。

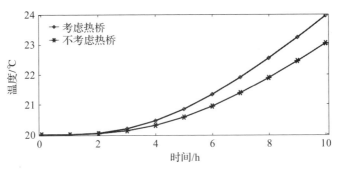

图 3.5　方案三中 a 点的温度-时间关系

3.2　结构形式

将两块聚氨酯和两块真空绝热板以不同的方式用黏结砂浆进行黏结,形成隔热层。然后在相同的场地(900mm×900mm×100mm),分别选择不同组合的原材料、不同形状的保温隔热层以及不同的界面处理进行不同方式的拼接,从而形成完整的部品。

利用 COMSOL 软件进行三维瞬态热传导模拟:考虑屋面的夏季极端情况,将屋面温度初始值设置为 60℃,屋内温度初始值设为 20℃;考虑屋面的冬季极端情况,将屋面温度初始值设置为 -20℃,屋内温度初始值设为 20℃。取一固定点 a $(0,0,0)$,分四种情况对 a 点温度进行求解,从而得到 a 点温度随时间的变化曲线。

3.2.1   原材料的组合形式

在组装单个保温隔热层的过程中,分别选择表 3.2 所示的四种方案进行组合(正置性和倒置性),其中真空绝热板厚 30mm,聚氨酯厚 20mm。

表 3.2   组合方案

方案编号	堆叠顺序(从下至上)
方案一	真空绝热板＋聚氨酯＋聚氨酯＋真空绝热板
方案二	真空绝热板＋聚氨酯＋真空绝热板＋聚氨酯
方案三	聚氨酯＋真空绝热板＋聚氨酯＋真空绝热板
方案四	聚氨酯＋真空绝热板＋真空绝热板＋聚氨酯

分别对四种组合方案进行三维瞬态传热模拟。从图 3.6(a)可以看出,在夏季高温环境下,材料的堆叠顺序对传热过程的影响较小,方案一和方案四在第 10 小时的差别仅约1℃。同样,在冬季严寒环境下,方案一和方案四在第 10 小时的差别仅约1℃,如图 3.6(b)所示。这是因为虽然材料的堆叠顺序不同,但其总导热系数相同,因此在传热过程中没有什么影响。

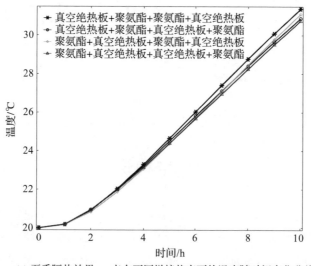

(a) 夏季隔热效果:a点在不同拼接状态下的温度随时间变化曲线

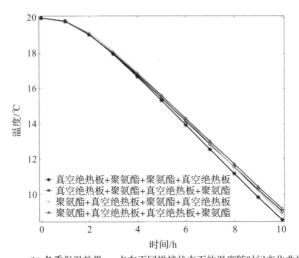

(b) 冬季保温效果: a 点在不同拼接状态下的温度随时间变化曲线

图 3.6 不同组合方案下的 a 点温度随时间的变化曲线

3.2.2 拼接方式

同样,原材料的组合选择方案一,且在单个保温隔热层材料的拼接过程中,分别采用标准型拼接及中间层的错位拼接,如图 3.7 所示。

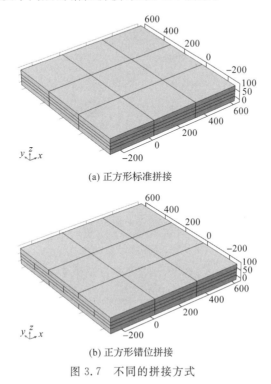

(a) 正方形标准拼接

(b) 正方形错位拼接

图 3.7 不同的拼接方式

对正方形标准拼接与正方形错位拼接两种拼接方式进行传热模拟。从图 3.8(a)可以看出,高温环境下,正方形标准拼接与正方形错位拼接在第 10 小时相差 0.7℃;从图 3.8(b)中可以看出,严寒环境下,正方形标准拼接与正方形错位拼接在第 10 小时相差 0.7℃。出现这一现象是因为正方形标准拼接会形成通天缝,传热速率加快。

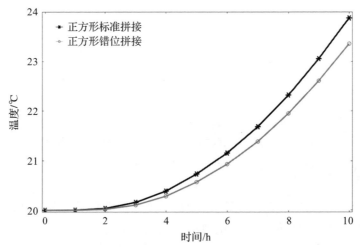

(a) 夏季隔热效果:*a*点在不同拼接状态下的温度随时间变化曲线

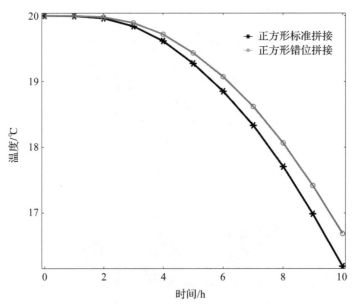

(b) 冬季保温效果:*a*点在不同拼接状态下的温度随时间变化曲线

图 3.8   不同拼接方式时 *a* 点温度随时间的变化曲线

3.2.3　形状的拼接

保温隔热层的形状选择正方形的错位拼接（300mm×300mm×100mm）和六边形、菱形及三角形的错位拼接组合两种，如图 3.9 所示；原材料的组合选择方案一，并在 a 场地进行组装拼接。

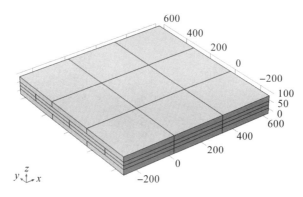

(a) 正方形的错位拼接

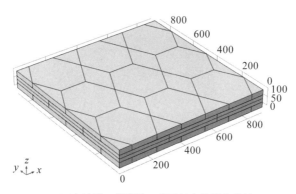

(b) 六边形、菱形及三角形组合的错位拼接

图 3.9　不同形状的拼接

从图 3.10(a)可以看出，不同的形状拼接在夏季高温环境下对保温隔热层的传热影响为 0.5℃，两者的影响曲线基本重合；从图 3.10(b)中可以看出，不同的形状拼接在冬季严寒环境下对保温隔热层的传热影响为 0.5℃，两者的影响曲线基本重合。这是因为菱形、六边形及三角形组合的错位拼接缝隙较多，增加了传热路径，但这也同时增加了热桥的数量，故该错位拼接方式与正方形的错位拼接方式传热效果相差无几。

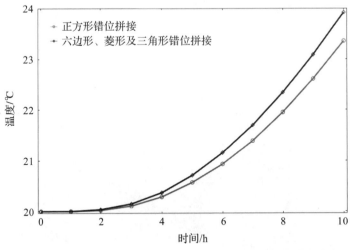

(a) 夏季隔热效果:a点在不同拼接状态下的温度随时间变化曲线

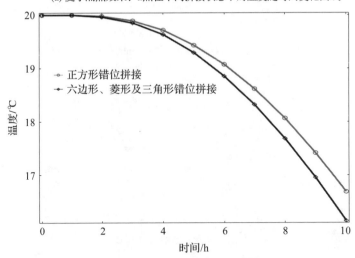

(b) 冬季保温效果:a点在不同拼接状态下的温度随时间变化曲线

图 3.10　不同形状时 a 点温度随时间的变化曲线

3.2.4　界面材料的选择

在单个保温隔热层中,各层材料和保温隔热层间的拼装组合,分别通过机械挤压(存在约 1mm 的空气)、喷涂保温材料(保温材料聚氨酯自身具有黏结作用,喷涂的聚氨酯约为 1mm)和喷涂黏结砂浆(厚约 3mm)进行黏结,如图 3.11所示。

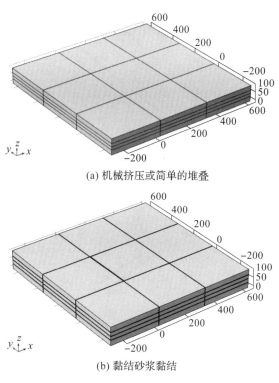

(a) 机械挤压或简单的堆叠

(b) 黏结砂浆黏结

图 3.11　界面材料的处理

从图 3.12(a)可以看出,夏季高温时,界面处喷涂聚氨酯保温材料比机械挤压的保温隔热性能要好;从图 3.12(b)同样可以看出,冬季严寒时,界面处喷涂聚氨酯保温材料比喷涂黏结砂浆的保温隔热性能要好。这是因为:机械挤压处会存在约 1mm 的空气,虽然空气的导热系数很小,但空气中不仅存在热传导,还存在热对流,这加大了传热速率;而聚氨酯的保温性能较黏结砂浆要好,故其整体保温隔热性能也较好。

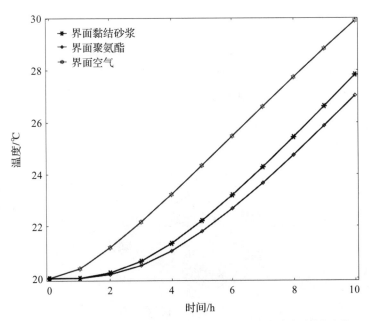

(a) 夏季隔热效果：a点在不同拼接状态下的温度随时间变化曲线

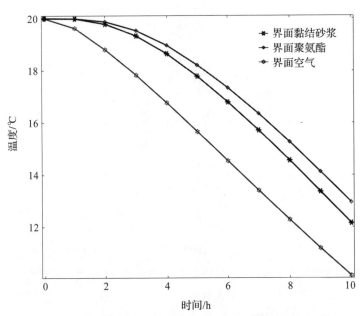

(b) 冬季保温效果：a点在不同拼接状态下的温度随时间变化曲线

图 3.12　界面处不同处理时 a 点温度随时间的变化曲线

3.3　尺寸效应

　　相同的材料,由于其长度、宽度及高度不同,传热性等性能也可能不同,这一现象被称为尺寸效应。因此,为了探讨尺寸效应的影响,分别对不同厚度、长度和宽度的材料进行 COMSOL 三维仿真传热模拟,然后将单个材料进行组装得到部品构件,再对部品构件拼接数量进行尺寸效应的模拟。

3.3.1　单块材料厚度的影响

　　选择不同厚度(40mm、30mm、20mm 及 10mm)的真空绝热板(长度×宽度为300mm×300mm)在 a 点(150,150,0)处进行三维仿真传热模拟,如图 3.13 所示。

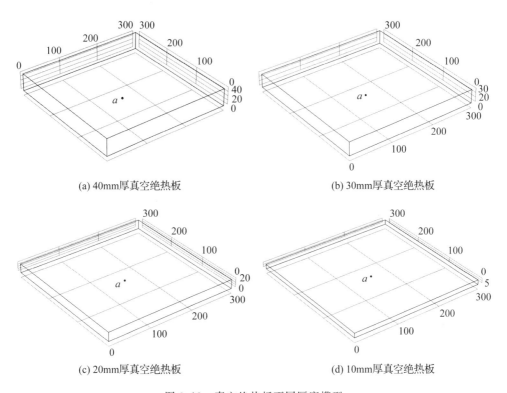

(a) 40mm厚真空绝热板　　　　　　　　(b) 30mm厚真空绝热板

(c) 20mm厚真空绝热板　　　　　　　　(d) 10mm厚真空绝热板

图 3.13　真空绝热板不同厚度模型

　　夏季高温时,假设屋面温度为 60℃,室内温度为 20℃;冬季严寒时,假设屋面温度为 −20℃,室内温度为 20℃。对 a 点处的温度进行计算得到图 3.14。

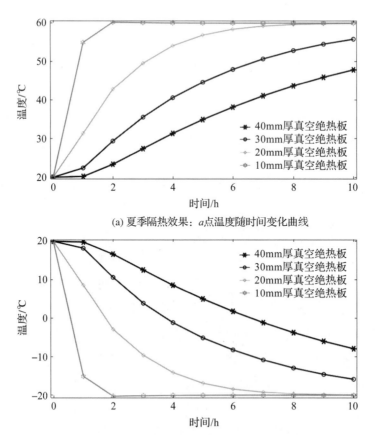

(a) 夏季隔热效果：a点温度随时间变化曲线

(b) 冬季保温效果：a点温度随时间变化曲线

图 3.14   厚度对传热过程的影响

从图 3.14 中可以看出,材料的厚度对传热过程的影响很大,厚度与传热速率
呈非线性增长的趋势。在图 3.14(a)中,40mm 厚真空绝热板在 a 点处 10h 后的温
度接近 50℃,而 10mm 厚真空绝热板在 a 点处 1h 内的温度就已超过 50℃。可见,
当厚度缩小为原来的 1/4 时,传热速率会加快超过 10 倍。这一现象在冬季保温效
果图 3.14(b)中同样可以看出。

3.3.2   单块材料长度、宽度的影响

选择 30mm 厚的真空绝热板,长度×宽度分别选择 200mm×200mm、300mm
×300mm、400mm×400mm 和 500mm×500mm,如图 3.15 所示。

同样利用 COMSOL 软件在 a 点(0,0,0)处进行三维仿真传热模拟,假设夏季
高温时屋面温度为 60℃,室内温度为 20℃;冬季严寒时屋面温度为 −20℃,室内温
度为 20℃。对 a 点处的温度进行计算得到图 3.16。

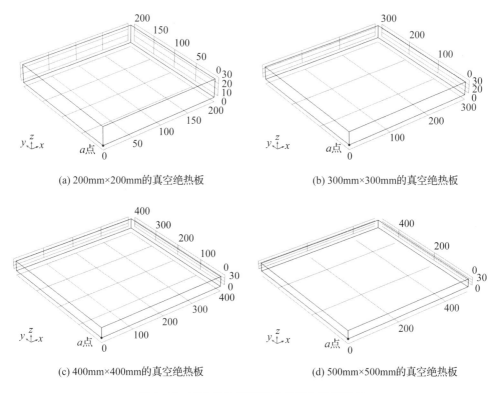

(a) 200mm×200mm的真空绝热板

(b) 300mm×300mm的真空绝热板

(c) 400mm×400mm的真空绝热板

(d) 500mm×500mm的真空绝热板

图 3.15　真空绝热板不同的长度和宽度模型

从图 3.16(a)和图 3.16(b)中可以看出,200mm×200mm 真空绝热板的传热速率只在第 1 小时内较其他尺寸规模的真空绝热板要略快,而在之后的时间内,不同长度和宽度的真空绝热板的传热速率均一样。因此,可以得出长度和宽度对传热过程没有任何影响。

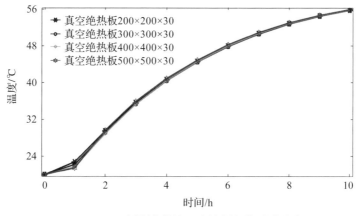

(a) 夏季隔热效果:a点温度随时间变化曲线

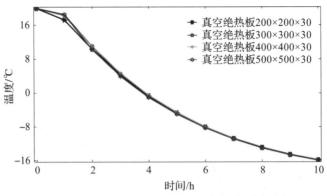

(b) 冬季保温效果: a 点温度随时间变化曲线

图 3.16 长度和宽度对传热过程的影响

3.3.3 部品构件数量的影响

选择两块 30mm 厚的真空绝热板并且中间夹两块 20mm 厚的聚氨酯进行标准拼接,从而形成小部品构件(长度×宽度均选为 300mm×300mm);再将小部品构件互相拼接,拼接处喷涂 3mm 厚的聚氨酯,如图 3.17 所示。

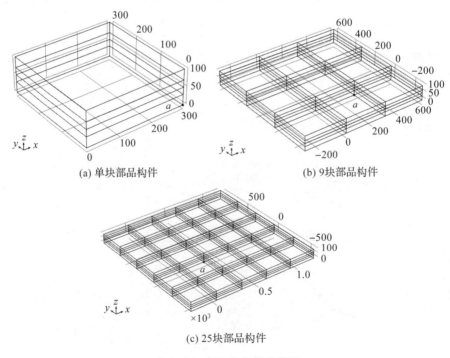

(a) 单块部品构件

(b) 9块部品构件

(c) 25块部品构件

图 3.17 部品构件拼接模型

结合 COMSOL 软件在 a 点$(0,0,0)$处进行三维仿真传热模拟,同样假设夏季高温时屋面温度为 60℃,室内温度为 20℃;冬季严寒时,屋面温度为 −20℃,室内温度为 20℃。对 a 点处温度进行计算得到图 3.18。

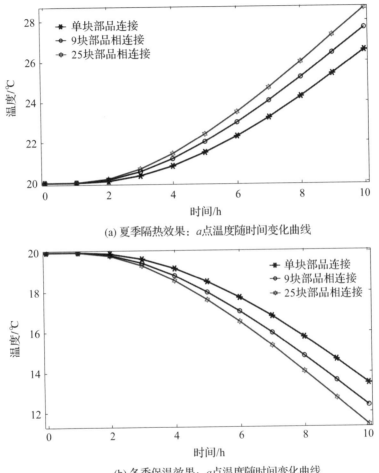

(a) 夏季隔热效果:a点温度随时间变化曲线

(b) 冬季保温效果:a点温度随时间变化曲线

图 3.18　部品拼接数量对传热过程的影响

从图 3.18(a)和图 3.18(b)中可以看出,单块部品构件连接比部品构件两两连接的传热速率要低,这是因为在单块部品构件中传热时,接触面较小(即热桥较少),使传热速率较低。当部品构件拼接数量增加时,其传热速率也会增加,但并非呈线性增长关系。从而可以得出,部品的拼接数量对传热过程有着较大的影响。在仿真模拟中,应尽可能地与实际工程拼接数量保持一致,从而得到较为准确的温度变化关系。

3.3.4　部品间的拼接形式

单个复合材料部品构件如图 3.19(a)所示，从上至下分别为 0.8mm 的 304 不锈钢板，30mm 聚氨酯，20mm 真空绝热板，20mm 真空绝热板，30mm 聚氨酯。其复合材料的长度和宽度均可根据实际需求在工厂进行加工制得。

在 3.0m×1.0m×0.1m 场地上分别进行完整部品(3m×1m×0.1m)拼接，如图 3.19(b)所示；大部品构件(0.3m×1m×0.1m)拼接，如图 3.19(c)所示；小部品构件(0.3m×0.5m×0.1m)拼接，如图 3.19(d)所示。图 3.19(c)和图 3.19(d)中的真空绝热板左右拼接处用 3mm 厚的聚氨酯喷涂；假设图 3.19(b)至图 3.19(d)中的真空绝热板上下拼接处存在 1mm 厚的空气。

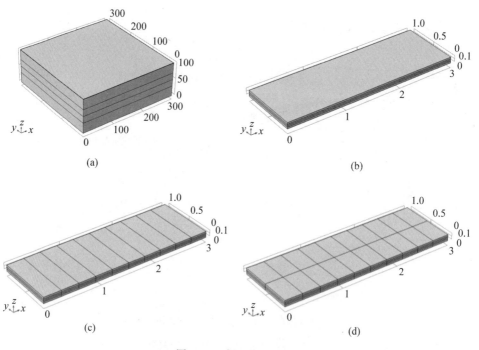

图 3.19　部品拼接形式

利用 COMSOL 软件进行三维瞬态热传导模拟。考虑屋面的夏季极端情况，将屋面温度初始值设置为 60℃，屋内温度初始值设置为 20℃；部品四周处设为导热系数自然对流，假定为其值为 5W/(m² · K)。取 a 点(1.5,0.5,0)，用三种方案分别对 a 点处的温度进行求解，从而得到 a 点处的温度随时间的变化曲线，如图 3.20 所示。

从图 3.20 可以看出，小部品构件互相拼接时，a 点处的温度变化较其他两种

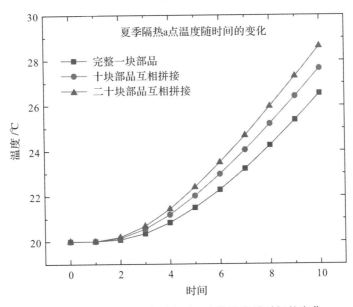

图 3.20　部品不同拼接形式下 a 点处温度随时间的变化

方案要大。这是因为小部品互相拼接必然导致拼接缝较多,导致热桥数量增多,热量流失较快。完整一块部品不存在热桥,这在屋面保温隔热系统中是最佳方案。但由于其尺寸很大,会受到施工工艺及价格等方面的限制,因此这一方案不可采用。综合三种方案,方案二的利用大部品构件进行拼接是屋面保温隔热系统的最佳形式。

3.4　本章小结

(1)考虑热桥时 a 点处的温度会比不考虑热桥时的温度低,这是因为热桥会使温度向四周传递,从而降低 a 点处的温度值。而在传热过程中,a 点处的温度随时间呈非线性变化,且都呈外凹的形式。这一点在三个方案中尤为明显。

(2)在单块保温层中,其原材料的组成成分与建筑热桥的影响有着较明显的关系。方案一中,原材料均为真空绝热板,故其导热系数均相同,此条件下,a 点处的热桥效应几乎可以忽略。而在方案二和方案三中,当原材料导热系数差值逐渐增大时,a 点处的热桥效应会逐渐增大。

(3)对不同的保温隔热层构造形式进行三维传热模拟,结果表明,原材料的组合方式(正置和倒置)对保温隔热有着较大影响;而保温隔热层的不同形状及不同的拼接方式,对传热过程影响较小,因此可以不考虑这两种因素对保温隔热的影响;界面的黏结材料对保温隔热性能有着较大的影响,主要是因为不同材料间的导热系数相差较大,从而导致热桥效应增加,最终导致传热路径不同。

(4)实际工程中应通过大量的实验来选择最佳的材料组合方式,以达到人们对保温隔热的舒适度要求;而在屋面施工过程中,为了节省人力及财力,隔热层的形状及拼接方式可以不考虑;但在隔热层的接触处,界面材料的选择和使用应更为合理,除了黏结砂浆外,还有较多保温隔热性能较好的黏结剂,如聚氨酯保温材料等。

(5)材料的厚度对传热过程有着很大的影响,且厚度与传热速率呈非线性增长的趋势;长度和宽度对传热过程影响很小;当对材料部品构件进行拼接时,拼接数量对传热过程有着较大的影响;仿真模拟时应尽可能与实际工程情况一样,才能得出较为准确的温度变化图。

第4章
多场耦合作用下导热系数演变规律

　　屋面保温隔热体系的实际服役环境在特定条件下存在某一影响因素(干湿循环或冻融循环)居于主导地位的情形。因为屋面保温材料实际上受到环境温度、湿度及应力等因素的共同作用,所以对单一变量作用下的保温材料进行研究并不能反映材料的真实劣化进程[88]。本章模拟了材料在当地的真实服役环境,构建了用于研究屋面保温材料性能演变的耦合多场。耦合多场的作用复杂,影响因素多,分析困难,对单因素下屋面保温隔热体系的性能变化进行研究有助于对耦合多场下的屋面保温隔热体系性能演变进行分析。

4.1　保温材料的耐候性实验

　　冻融循环主要模拟寒冷地区或部分严寒地区的屋面保温材料因白昼温度升高,积雪积冰融化,水分湿气进入保温隔热材料内部至夜晚温度降到零下,保温隔热材料内部水分再次冻结这一循环往复过程[89]。实验设计的目的在于探究屋面保温隔热材料在冻融循环环境下性能的变化规律。

　　湿热研究主要模拟多雨地区,屋面结构由于排水层和防水层处理不当,雨水渗透进保温隔热层,导致保温隔热材料吸水受潮,并在阳光辐射下升温,使保温隔热材料长期处于湿热状态[90]。研究屋面保温隔热材料在该状态下的性能结构演变情况,依据劣化机理提升材料的抗湿热老化性能,可避免材料因高温高湿环境而过早失效。

　　干湿循环主要模拟多雨雪地区因雨雪导致屋面保温隔热材料吸水、受潮,而后水分逐渐蒸发,保温隔热材料在干、湿两种状态间往复循环的过程,探究在多次干湿循环下,屋面保温隔热材料的性能演变情况[91]。

　　高低温循环主要模拟早晚温差较大的西北地区屋面保温隔热材料服役环境。西北地区白昼与夜晚温差高者可达十几摄氏度,屋面保温隔热材料在白昼受热膨胀,在夜晚受冷收缩[92]。实验目的在于探究该典型气候区屋面保温隔热材料在受热膨胀与受冷收缩两种状态间循环往复对材料性能的影响情况。

针对屋面系统的服役条件设计耦合多场,可对温度场、湿度场、应力场进行多场耦合,选用各场强度参数,对可程式恒温恒湿箱进行参数设定,构建用于研究屋面保温系统性能随时间演变的耦合多场。由于屋面系统设有排水层、防水层及保护层,在上述各层维持正常服役状态时,可忽略淋雨和辐照的影响,不用将间期性淋水以及辐照场纳入耦合多场的构建中。

4.1.1　冻融循环作用下保温隔热材料性能变化

冻融循环实验参照《普通混凝土长期性能和耐久性能试验方法标准》(GB/T 50082—2009)进行。试验前期,将试样在温度为(20±2)℃的水中浸泡 4d,浸泡时水位高出试样上表面 30mm;随后进行冻融循环试验,调节冰柜温度在(−18~−20)℃,保证试样的冷冻时间为 4h;冷冻结束后,立即将试样转入温度为(18~20)℃的水箱中,使试样进入融化状态,水箱水位高出试样上表面 30mm,融化时间为 4h,以此记为一次冻融循环。

冻融循环各时期的试样质量变化如表 4.1 和图 4.1 所示。显然,泡沫混凝土受冻融循环的影响较大,单试样泡沫混凝土在 112 次冻融循环后质量损失 44.9g,远高于其在湿热老化、干湿循环及高低温循环实验中的质量损失。图 4.2 是泡沫混凝土在未经受冻融及经受冻融循环 28 次和 112 次后的数码照片,112 次冻融循环后,泡沫混凝土表面分布大大小小网络状裂纹,泡孔破裂倒塌严重。实验在搬动、

表 4.1　不同次数冻融循环后试样质量

循环次数	试样质量/g					
	FC	PUR	VIP	V-P	V-F	F-P
0	726.9	107.6	525.0	363.8	1087.4	864.1
7	717.5	106.4	524.9	362.7	1076.3	847.7
14	709.9	105.9	524.8	362.0	1065.4	831.7
28	702.7	104.5	524.7	361.6	1057.1	820.3
56	695.2	103.5	524.7	361.4	1038.6	813.5
84	689.1	102.9	524.7	361.3	1021.4	801.2
112	682.0	101.6	524.7	361.3	1010.4	793.1

浸水时,构成泡沫混凝土孔壁的水泥砂浆颗粒会因泡沫混凝土的开裂脱离本体。泡沫混凝土开裂越严重则脱落的水泥砂浆颗粒越多,造成的质量损失越大。

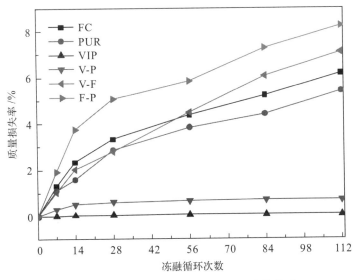

图 4.1　试样质量损失率与冻融循环次数关系

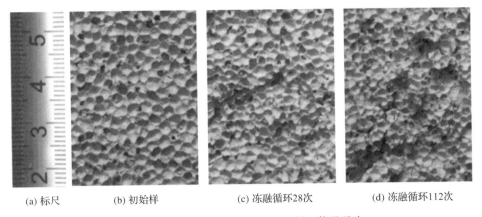

(a) 标尺　　　(b) 初始样　　　(c) 冻融循环28次　　　(d) 冻融循环112次

图 4.2　不同次数冻融循环泡沫混凝土数码照片

V-F 及 F-P 试样由泡沫混凝土组合构造,同样有较大的质量损失,V-F 试样经过 112 次冻融循环后,质量损失为 77.0g,F-P 试样在经过 112 次冻融循环后,质量损失为 71.0g。经 112 次冻融循环后的复合试样泡沫混凝土一端同样存在泡孔,也会出现泡孔的大片破坏倒塌,但未出现在高低温循环实验中那般明显的网络状裂纹。

聚氨酯硬泡的红外光谱图如图 4.3 所示,聚氨酯硬泡在不同冻融循环时期的峰位置及峰强均变化不大,经历 112 次冻融循环后,2500~1900cm^{-1} 波数范围内的三键和累计双键红外活性峰峰强没有减弱,而在湿热老化等其他耐久性实验中,该处峰位基本消失,说明冻融循环对聚氨酯硬泡的化学结构影响不大。冻融循环对聚氨酯硬泡的影响主要针对聚氨酯硬泡的开孔。聚氨酯硬泡虽是有机材料,但硬质聚氨酯的脆性大,浸泡致使水分渗透进入开孔,低温冷冻后孔内液态水结冰膨胀,泡孔壁因抗拉强度较低而开裂,造成聚氨酯硬泡的质量出现下降。聚氨酯硬泡在经历 112 次冻融循环后的扫描电镜图如图 4.4 所示,图中的聚氨酯硬泡表面出现大量由冻融循环导致的倒塌泡孔。

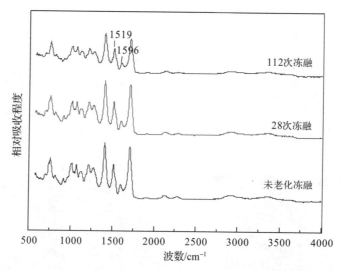

图 4.3　不同次数冻融循环聚氨酯硬泡红外吸收谱图

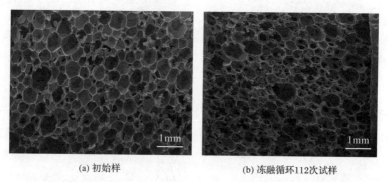

(a) 初始样　　　　　　　　(b) 冻融循环112次试样

图 4.4　初始样及冻融循环 112 次后的聚氨酯硬泡 50 倍扫描电镜

真空绝热板的阻隔膜能很好地将水分阻隔在外,故液态水的冻融破坏对真空绝热板的影响甚小,真空绝热板在 112 次冻融循环后仅有 0.4g 的质量变化,表现出了很好的耐冻融循环性能。

V-P 试样受聚氨酯硬泡的影响,在实验前期质量损失明显;28 次冻融循环后质量趋于稳定,变化幅度不超过 0.3g。

各试样在冻融循环期间的体积吸水率变化如图 4.5 所示。单试样的泡沫混凝土体积吸水率最大,其次是 V-F 及 F-P 试样。三者的体积吸水率变化的共性是在冻融循环前中期出现快速增长,56 次冻融循环后的体积吸水率增长缓慢。结合泡沫混凝土在冻融试验中的孔结构变化,上述现象可解释为冻融循环试验前期,泡沫混凝土的泡孔因冻融破坏,随着冻融次数的增加,受到破坏的闭孔数量增多,体积吸水率快速增长。而在试验后期,体积吸水率仍在增长,但速率减缓,原因为随着冻融循环试验的进行,中小型孔因孔壁破坏,导致孔与孔之间贯穿,逐渐形成大孔、宏孔甚至裂纹,大孔无法将水分保留在孔内部,仅起到润湿的作用,故在试验后期,上述三种保温隔热材料的体积吸水率增长速率减缓。

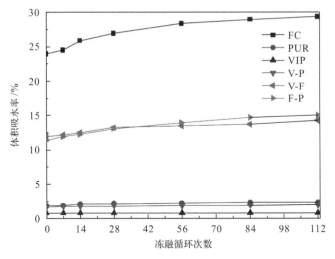

图 4.5　试样体积吸水率与冻融循环次数关系

聚氨酯硬泡作为泡沫保温材料的一种,有较低的开孔率,孔之间的连通性较低,受冻融循环破坏的也仅是表层,表面的开孔受冻融影响而倒塌破坏。故在冻融循环试验中,聚氨酯硬泡的体积吸水率不高,体积吸水率变化也不大;在 112 次冻融循环后,其体积吸水率由 1.86% 增长到 2.36%。

真空绝热板的体积吸水率非常小,仅为 0.85%,且在整个冻融循环过程中变化不大。因为聚氨酯硬泡在冻融循环过程中体积吸水率呈逐渐增大的趋势,而真空绝热板的体积吸水率基本稳定在 0.85%,这也解释了为何 F-P 试样的体积吸水率会反超 V-F 试样的体积吸水率,从而呈现更大体积吸水率变化率。V-P 试样的体积吸水率主要受聚氨酯硬泡的影响,体积吸水率增长缓慢,112 次冻融循环试验后,该值由 1.71% 增长为 1.96%。

根据各试样导热系数值及变化率随冻融循环次数的关系分别绘制图 4.6 和图 4.7。图 4.6 最直观地反映了泡沫混凝土导热系数的变化趋势,112 次冻融循环后

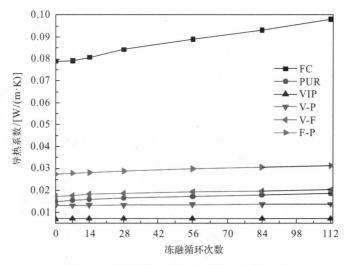

图 4.6　试样导热系数与冻融循环次数关系

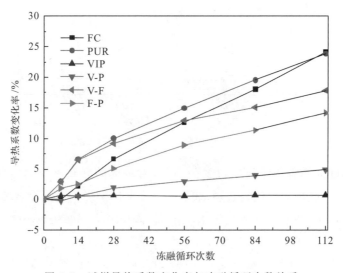

图 4.7　试样导热系数变化率与冻融循环次数关系

泡沫混凝土的导热系数值上升明显,其导热系数由初始值 0.0789W/(m·K)上升至 0.0980W/(m·K),增长 24.09%。因初始导热系数值不大,故而反映在图中的 F-P、V-P 和聚氨酯硬泡等试样的导热系数值随循环次数变化不明显。在图 4.6 中,F-P、V-P 两类保温隔热材料及单试样聚氨酯硬泡的导热系数变化同样显著。 F-P 试样、V-P 试样和单试样聚氨酯硬泡在 112 次冻融循环后导热系数分别增长 17.86%、23.68%、23.89%。真空绝热板的导热系数值基本不变,其值在 0.00712 ±0.00002W/(m·K)范围内浮动,说明真空绝热板具有很好的抗冻融循环能力。 V-P 试样主要受聚氨酯硬泡影响,在整个试验过程中导热系数值呈增大趋势,但增长率不如聚氨酯硬泡,与真空绝热板的复合在一定程度上缓和了聚氨酯硬泡导热系数的快速增长,在 112 次冻融循环后,其导热系数变化率仅为4.90%。

　　冻融循环对单试样泡沫混凝土,包括 V-F 及 F-P 试样的热工性能影响有两个方面。一方面,是冻融循环过程中接近 10% 的固体质量损失,这些从孔壁上脱落的固体颗粒原有空间被空气占据,而空气的热导率要远小于泡沫混凝土的固体组成导热系数,空气占比越高,该泡沫混凝土的保温隔热性能越好。另一方面,是冻融循环严重破坏了泡沫混凝土的结构,112 次冻融循环后的泡沫混凝土溃散严重,表面出现了大量纵横交错的裂纹,这不仅使泡沫混凝土的力学性能失效,而且无疑成为热流聚集的地方,极大地缩短了热流在泡沫混凝土内部的传热路径,降低了材料的热阻值,进而影响材料的保温隔热性能。在实验数据上,冻融循环对泡沫混凝土热工性能的影响主要还是在提高导热系数上,三种试样在试验前期的导热系数值变化不及实验后期明显,实验后期随着冻融循环的反复进行,泡沫混凝土表面的裂纹长度、纵深和连通性增加,泡沫混凝土的热阻值迅速降低,因而实验后期的导热系数值变化率要大于实验前期。

　　聚氨酯硬泡的导热系数值较低,但变化率很大。冻融循环对聚氨酯硬泡的破坏同泡沫混凝土一样,通过液态水的结冰膨胀使泡孔孔壁受拉开裂。但聚氨酯硬泡的闭孔率较高,主要是开孔及部分通过孔壁渗入水分达到饱和的闭孔受冻融破坏。聚氨酯硬泡只是表面一层泡孔倒塌严重,因此,聚氨硬泡受冻融破坏不及泡沫混凝土严重。

　　真空绝热板的导热系数在整个循环过程中维持在 0.007083～0.007135 W/(m·K),变化率不高,热工性能基本维持稳定,说明真空绝热板具有很好的抗冻融循环能力。

　　V-P 试样因聚氨酯硬泡的缘故,在冻融循环实验期间,导热系数值逐渐增加,其在 112 次冻融循环结束后导热系数值增长了 4.90%,高于 V-P 试样在其他试验环境下的导热系数变化率,但也仅是单试样聚氨酯硬泡 112 次冻融循环后导热系数变化率的 1/5。

同样以不同冻融循环时期的单试样泡沫混凝土、聚氨酯硬泡及真空绝热板的导热系数为参数,进行计算机模拟获得不同冻融循环时期的各复合保温隔热材料导热系数值,并将该值作为参照值与实测值比较,验证复合构造对材料抵抗冻融循环的影响。

将模拟得到的导热系数值与实验实测导热系数值进行比较。V-P 及 V-F 试样的实测值与参照值接近,但要略大于参照值,说明复合构造有利于材料抵抗冻融循环的破坏,维护材料的保温隔热性能,但作用不大。对于 F-P 试样,因为泡沫混凝土及聚氨酯硬泡受冻融循环的影响都较大,故采用复合构造的形式可以明显提高泡沫混凝土或聚氨酯硬泡在反复冻融循环服役环境下的保温隔热性能,说明此时复合构造的形式较铺设单样保温隔热材料更具有优势,见表 4.2。

表 4.2　不同次数冻融循环复合试样导热系数计算值与实测值

单位:W/(m・K)

冻融循环次数	V-P		V-F		F-P	
	计算值	实测值	计算值	实测值	计算值	实测值
0	0.01363	0.01318	0.01863	0.01724	0.03044	0.02742
7	0.01383	0.01315	0.01854	0.01774	0.03167	0.02794
14	0.01392	0.01325	0.01861	0.01835	0.03278	0.02809
28	0.01412	0.01343	0.01910	0.01882	0.03454	0.02883
56	0.01435	0.01357	0.01977	0.01948	0.03725	0.02986
84	0.01444	0.01370	0.02016	0.01984	0.03853	0.03053
112	0.01450	0.01382	0.02070	0.02032	0.03966	0.03132

4.1.2　湿热循环作用下保温隔热材料性能变化

湿热研究主要模拟多雨地区,屋面结构由于排水层和防水层铺设不当,雨水渗透进入保温隔热层导致保温隔热材料吸水受潮,同时,材料在阳光辐射下升温,长期处于湿热状态。

湿热环境参照《塑料暴露于湿热、水喷雾和盐雾中影响的测定》(GB/T 12000—2017)进行构建,设置恒温恒湿箱内温度为 60℃,湿度为 93% RH(Relative Humidity,相对湿度),测试的时间段分为 7d、14d、28d、56d、112d,每个老化时间段设置三个样品,取三个样品的导热系数和样品质量的平均值作为测量结果。

各试样湿热老化 112d 不同时间段的质量见表 4.3,根据公式(4.1)计算各试样在不同龄期的质量损失率,形成图 4.8。

$$M_m = \frac{M_0 - M_\tau}{M_0} \times 100\%$$ (4.1)

体积吸水率的计算公式如下:

$$W_v = \frac{m_1 - m}{V_0} \cdot \frac{1}{\rho_w} \times 100\%$$ (4.2)

式中,M_m 为质量损失率,单位为 %;M_0 为试样初始状态的干质量,单位为 g;M_τ 为试样在不同龄期的干质量,单位为 g;W_v 为体积吸水率,单位为 %;V_0 为绝干材料在自然状态下的体积,单位为 cm^3;ρ_w 为水的密度,常温下取 $1g/cm^3$。

表 4.3　湿热老化不同龄期试样质量

龄期/d	试样质量/g					
	FC	PUR	VIP	V-P	V-F	F-P
0	693.5	104.9	512.0	363.4	1128.2	853.7
7	690.1	104.1	511.8	362.0	1124.9	843.6
14	688.7	103.8	511.7	361.4	1124.4	841.7
28	687.5	103.4	511.7	361.2	1122.9	840.3
56	686.6	102.8	511.5	360.7	1121.6	839.7
84	685.9	102.0	511.5	360.3	1120.8	838.7
112	685.5	101.8	511.4	359.9	1120.3	837.6

湿热环境对真空绝热板的影响较小,湿热老化 112d 其质量变化仅为 0.12%,如图 4.8 所示。真空绝热板的阻隔膜构造从里到外分别为玻璃纤维布、铝箔、镀铝膜、PET 薄膜、尼龙薄膜、PVC 薄膜、EVOH 薄膜、PE 薄膜或 PP 薄膜,内部芯材为微米级二氧化硅。在表层阻隔膜不被刺穿的状态下,真空绝热板的组成物质均由阻隔膜包覆,阻隔膜具有良好的阻气阻湿作用,且芯材为化学性质稳定的无机材料,从而保证了真空绝热板在湿热老化环境下能维持质量稳定。

对于泡沫混凝土,湿热环境有助于促进水泥的进一步水化,使其质量有微小的增加。但从实验结果看来,泡沫混凝土的质量反而有明显下降,112d 的湿热老化导致泡沫混凝土的质量损失了 8.0g,但损失仍小于干湿循环、冻融循环实验。从湿热老化下的泡沫混凝土质量损失,推断湿热老化对泡沫混凝土的破坏不及干湿循环、冻融循环等严重。

聚氨酯硬泡在湿热老化试样期内的质量降低明显且降低速率快,112d 时其质

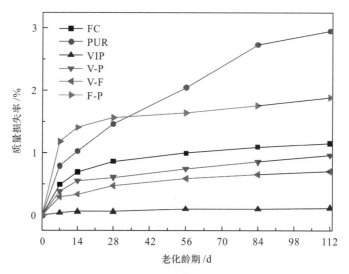

图 4.8　试样质量损失率随湿热老化龄期变化规律

量损失率达到 2.95%,是六种材料中质量损失最大的一种。文献[57]的实验结果表明,湿热环境下试样存在有机物质的降解,材料质量随老化时间下降。对未老化、老化 28d 和老化 112d 的聚氨酯硬泡进行红外检测,得到聚氨酯硬泡不同湿热老化时间段的红外光谱图如图 4.9 所示。谱图吸收峰的位置没有明显的变化。结合文献[58],聚氨酯泡沫材料在湿热环境下,氨基甲酸酯基在水分子的作用下会发生水解,导致分子链断裂而降解老化。随着水解反应的进行,氨基甲酸酯基的浓度

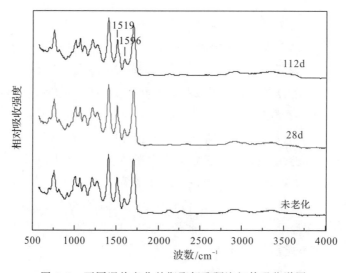

图 4.9　不同湿热老化龄期聚氨酯硬泡红外吸收谱图

会逐渐降低。湿热环境下,苯环的量相对稳定,定义氨基甲酸酯基的吸收峰 $1519cm^{-1}$ 与苯环的吸收峰 $1596cm^{-1}$ 的峰面积之比为氨基甲酸酯指数(I),用以表征聚氨酯保温材料中氨基甲酸酯基团的相对浓度。计算得到未老化的聚氨酯硬泡的氨基甲酸酯指数为3.294;老化 28d 的聚氨酯硬泡的氨基甲酸酯指数为 2.7037;老化 112d 的聚氨酯硬泡的氨基甲酸酯指数为 2.618。湿热老化实验结束时,聚氨酯硬泡的氨基甲酸酯指数由原始的 3.294 降到 2.618,表明湿热老化会引起氨基甲酸酯基的水解,导致分子链断裂而降解老化。

对湿热老化作用前后的聚氨酯硬泡表观形貌进行观察,图 4.10(a)是未进行湿热老化的聚氨酯硬泡初始样扫描电镜图,切割造成聚氨酯硬泡表面部分泡孔膜壁破裂,但总体上泡孔排列规则,受影响的只是表面少数孔。图 4.10(b)是在湿热环境中老化 112d 的聚氨酯硬泡试样扫描电镜图,湿热老化作用造成局部的空洞和大片的泡沫倒塌,这部分泡孔壁的损失造成聚氨酯硬泡质量下降。

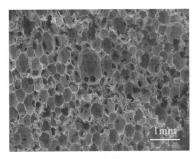
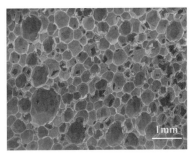

(a) 未老化　　　　　　　　　　　　(b) 湿热老化112d

图 4.10　未老化及湿热老化 112d 聚氨酯硬泡 50 倍扫描电镜图

三种复合保温隔热材料的质量损失率曲线均处于其两种基材的变化曲线之间,复合起到了很好的"中和"作用,降低了单一材料在湿热环境中由于化学组成老化带来的破坏。真空绝热板和聚氨酯硬泡构造的复合保温隔热材料在湿热老化期间质量损失了 0.96%,真空绝热板和泡沫混凝土构造的复合保温隔热材料质量损失了 0.70%,泡沫混凝土和聚氨酯硬泡构造的复合保温隔热材料质量损失了1.88%。

各试样内部孔隙的变化可用体积吸水率加以表征,体积吸水率体现了材料内部孔隙被水充满的情况,其值大小与材料内部的孔隙构造有很大关系。若材料具有微细且连通的孔隙,则吸水率就较大;若具有封闭的孔隙,则水分难以渗入,吸水率就较小;若有较粗大开口的孔隙,则水分容易进入,但不易在孔内保留,仅起到润湿孔壁的作用,吸水率也较小。

各材料的体积吸水率随湿热老化作用时间的变化情况如图 4.11 所示,泡沫混凝土有最大的体积吸水率,泡沫混凝土存在凝胶间孔、颗粒间孔和宏孔,孔径分布范围为 $0.05\sim500.00\mu m$,除去无法保留水分的宏孔,其体积吸水率仍超过 20%。湿热老化试验过程中泡沫混凝土的体积吸水率变化不大,112d 其体积吸水率仅增长 1.77%。泡孔混凝土的表面泡孔除实验过程中不可避免的机械损伤外,大部分泡孔形状完整,排列规则。

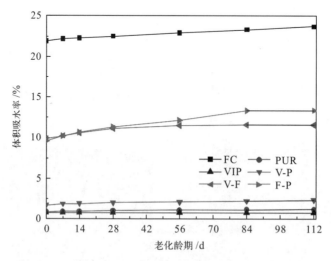

图 4.11　试样体积吸水率随湿热老化龄期变化规律

聚氨酯硬泡具有闭孔结构,厂家宣称其闭孔率约在 98%。实验室实测其体积吸水率初始值为 0.87%,112d 体积吸水率增长到 1.20%,随着体积吸水率的增长,考虑到可能是因为湿热环境下,聚氨酯硬泡中有机组成降解,导致部分闭孔的开裂,孔隙间的连通性提高。根据图 4.11 显示,未老化的聚氨酯硬泡泡孔孔径约为 0.5mm,随着老化时间增加,样品泡孔结构逐渐受到破坏,泡孔破裂、倒塌现象越来越严重,112d 样品泡孔已出现大面积的破裂、倒塌。正是由于聚氨酯硬泡孔结构的变化,聚氨酯硬泡的体积吸水率逐渐增长。

对于真空绝热板,其吸水率最低,且在整个湿热老化过程中维持稳定,变化较小。由于铝箔对水、对空气具有很好的阻隔作用,所以真空绝热板具有一定体积吸水率的主要原因在于外层的玻璃纤维布。

对三种复合构造保温隔热材料,由泡沫混凝土参与构造的 V-F 和 F-P 试样,受泡沫混凝土的影响,两者的体积吸水率均超过 10%,并在整个湿热老化过程中逐渐增长。V-P 试样具有较真空绝热板和聚氨酯硬泡更大的体积吸水率,原因可能是两者在使用聚氨酯黏结剂进行复合时涂抹不均,浸水时毛细现象或吸附作用导致水分停留在两者之间的空隙内,造成 V-P 试样有较聚氨酯硬泡更大的体积吸水率。

在 60℃,93% RH 的环境下,各类保温隔热材料包括复合保温隔热材料的导热系数值随湿热老化时间的关系见图 4.12。由图 4.12 可见所选用保温隔热材料的导热系数大小分布情况,在湿热老化期内,泡沫混凝土始终具有最大的导热系数值,真空绝热板导热系数值最小,复合构造的保温隔热材料导热系数值介于两基材之间。实验期间,除泡沫混凝土和聚氨酯硬泡外,余下四种材料的导热系数值变化不明显。为方便分析,将导热系数值转换为导热系数值变化率。

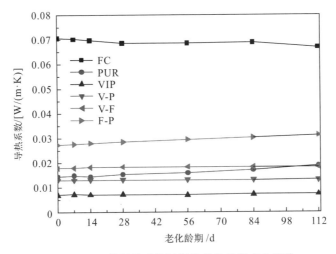

图 4.12　试样导热系数随湿热老化龄期变化规律

从图 4.13 可见,聚氨酯硬泡的导热系数值在老化期间增幅最大,除在 14d 出现一次波折外,之后的三次测试分别以 3%、8% 及 10% 的速率增长,并在 112d 达到29.98%。其次是由聚氨酯硬泡与泡沫混凝土复合构造的保温隔热材料,其导热系数变化率近乎呈直线增长,112d 导热系数变化率为 14.46%。余下的四种材料在实验期内的增幅在 ±5% 范围内变化,其中泡沫混凝土是六类材料中唯一一种导热系数值在湿热老化期间不断降低的保温隔热材料,112d 导热系数值变化率为－5.37%;真空绝热板 112d 导热系数涨幅为 5.21%;由真空绝热板与聚氨酯硬泡复合的保温隔热材料的导热系数最为稳定,在不同时间段内其变化率均不超过1%,112d 也不过只有 0.88% 的增长率。由真空绝热板和泡沫混凝土构造的复合保温隔热材料的 112d 导热系数涨幅也较小,为 3.09%。

湿热状态可能进一步促进水泥水化,导致泡沫混凝土内部微纳孔隙堵塞,但微纳级的孔隙对泡沫混凝土整体的导热能力影响微乎其微,可忽略不计。对于泡沫

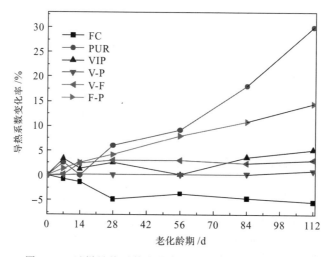

图 4.13   试样导热系数变化率随湿热老化龄期变化规律

混凝土,由于其构成主要是水泥砂浆硬化形成的孔壁及空气填充的孔隙。根据 Campbell-Allen 模型中泡沫混凝土的导热系数与其固相占比相关可知,固相占比越高,其导热系数值越大。湿热环境下,泡沫混凝土的质量逐渐下降,固相的占比降低,气相的占比提高,而干空气较水泥砂浆有更低的导热系数值。故在湿热老化环境下,在泡沫混凝土的泡孔结构完整性没有受损的前提下,由于泡沫混凝土的质量损失,导热系数值呈逐渐降低的趋势。

　　聚氨酯硬泡在湿热老化的环境下,导热系数持续增长,湿热老化 112d 后其导热系数变化率在六类保温隔热材料中增长最大。湿热老化对聚氨酯硬泡的化学组成有影响,红外测试结果表明,湿热环境下聚氨酯硬泡存在氨基甲酸酯基的水解。对于湿热老化下聚氨酯硬泡的孔形貌变化,通过场发射扫描电镜获取图像发现,在湿热环境中聚氨酯硬泡泡孔大面积倒塌,形成空洞。因此,导致聚氨酯硬泡在湿热老化期间导热系数值持续上升的主要原因是聚氨酯硬泡的孔结构发生变化,聚氨酯随老化时间增加,出现了泡孔破裂、倒塌的现象,原封闭孔结构的破坏被破坏,孔的连通性提高,缩短了热流的传热途径,造成聚氨酯硬泡导热系数值增长。此外,湿热环境的高温高湿加速了聚氨酯硬泡闭孔中的发泡剂气体的渗出及空气渗入,而发泡剂气体的导热系数值要低于空气导热系数值,所以这种气体交换增加了聚氨酯硬泡的热导率。

　　真空绝热板运用真空绝热原理极大地降低了气相的传热,从而使真空绝热板具有较低的热导率、真空环境的实现依赖阻隔膜的高阻气阻湿能力。阻隔膜将湿气隔绝在芯材外部,避免芯材因湿度升高而造成测试导热系数提高。此外,真空绝热板的芯材为化学性质稳定的二氧化硅,从而保证真空绝热板内部不因芯材发生反应而影响真空度,导致真空绝热板保温隔热性能的下降。因此,只要真空绝热板不受外力刺穿,真空绝热板热工性能基本不受湿热老化的影响。真空绝热板在湿热环境下也具备很好的服役性能。

复合保温隔热材料的性能取决于基材又高于基材,可构造复合保温隔热材料以缓和服役环境对单种材料的不利影响,实现两种材料的优劣互补。聚氨酯硬泡材料不耐湿热老化,而真空绝热板及泡沫混凝土在湿热环境下受影响相对较小。基于复合原理,以各个时期的泡沫混凝土、聚氨酯硬泡及真空绝热板的导热系数为参数进行计算机模拟,获得湿热老化不同时期的各复合保温隔热材料导热系数值,将该值作为参照值与实测值比较(见表 4.4),验证复合构造有助于缓解湿热老化对材料的破坏。

表 4.4　不同湿热老化龄期复合试样导热系数计算值与实测值

单位:W/(m·K)

老化天数	V-P		V-F		F-P	
	计算值	实测值	计算值	实测值	计算值	实测值
0	0.01349	0.01308	0.01911	0.01790	0.02889	0.027424
7	0.01378	0.01309	0.01956	0.01792	0.02939	0.027782
14	0.01357	0.01310	0.01926	0.01832	0.02879	0.028131
28	0.01384	0.01310	0.01940	0.01844	0.02994	0.028568
56	0.01377	0.01310	0.01904	0.01842	0.03050	0.029613
84	0.01425	0.01311	0.01953	0.01832	0.03225	0.030413
112	0.01465	0.01319	0.01969	0.01845	0.03429	0.031389

表 4.4 的数据显示,模拟得到的导热系数值均大于实验实测导热系数值,复合构造的形式有利于降低湿热老化对保温隔热材料的组成、结构的破坏,维护材料的保温隔热性能,从而说明湿热环境下复合构造的保温隔热材料较单试样更具有优势。

4.1.3　干湿循环作用下保温隔热材料性能变化

干湿循环主要模拟多雨雪地区的雨雪导致屋面保温隔热材料吸水、受潮,而后水分逐渐蒸发,保温隔热材料在干、湿两种状态间往复的过程,探究在多次的干湿循环下,屋面保温隔热材料的性能演变情况。

干湿循环的实验按照《蒸压加气混凝土性能试验方法》(GB/T 11969—2008)中关于干湿循环试验规定进行。先行将各试样在电热鼓风干燥箱内 60℃下烘至恒重;然后以三块为一组,在(20±5)℃的室内温度下冷却 20min,随后放入水箱内,浸入水温为(20±5)℃的水中,保证水位高于试样上表面 30mm,保持 5min 后取出,晾干 30min;再放入电热鼓风干燥箱内,调节温度为 60℃,烘 7h。即以 60℃下烘 7h,冷却 20min,放入(20±5)℃的水中 5min 为一个干湿循环。各试样在 112次干湿循环试验过程中的质量变化如表 4.5 所示,根据表中的数据绘制各试样的质量损失率随干湿循环变化曲线,如图 4.14。

表 4.5　不同次数干湿循环后试样质量

单位:g

循环次数	试样质量					
	FC	PUR	VIP	V-P	V-F	F-P
0	691.7	106.5	526.4	365.9	1135.6	830.7
7	682.2	105.4	526.0	364.0	1130.3	810.9
14	678.2	105.2	526.0	363.9	1125.0	806.4
28	670.0	105.1	525.9	362.7	1116.0	798.2
56	658.8	104.7	525.9	362.1	1099.2	793.3
84	649.8	104.0	525.9	361.8	1086.3	789.8
112	638.1	103.5	525.8	360.8	1083.3	787.8

由表 4.5,图 4.14 可见,干湿循环实验对泡沫混凝土的影响最大。泡沫混凝土在 112 次循环结束后,质量损失了 53.6g,质量损失率为 7.45%,在整个试验过程中,其质量损失率始终以较快的速度增长。干湿循环试验造成泡沫混凝土的泡孔破坏倒塌、泡孔壁脱落,因而有较大的质量损失率。对于由泡沫混凝土参与组合构造的 V-F 和 F-P 试样,因为泡沫混凝土的缘故,两者同样有较大的质量损失,其中,V-F 试样在 112 次干湿循环后损失质量 52.3g,质量损失率为 4.60%;F-P 试样在 112 次干湿循环后损失质量 42.9g,质量损失率为 5.16%。通过实验发现,干湿循环同湿热老化一样,对真空绝热板的质量影响较小,实验结束后质量仅损失了 0.6g,说明真空绝热板具有很好的耐干湿循环能力。聚氨酯硬泡的质量损失为 3.0g,质量损失率为 2.82%,通过红外(见图 4.15)分析发现,氨基甲酸酯指数由最初的 3.284 降到 2.619。干湿循环过程将材料直接浸入水中,随后在 60℃烘箱内

烘干,整个过程存在高温、高湿环节,因而干湿循环过程同样会引起氨基甲酸酯基水解,导致分子链断裂而降解水化。V-P 试样在整个实验过程中损失了 5.1g 质量,112 次干湿循环后其质量损失率为1.39%,介于聚氨酯硬泡与真空绝热板的质量损失率值之间。

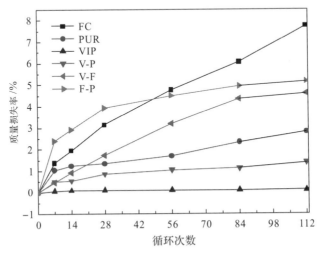

图 4.14　试样质量损失率与干湿循环次数关系

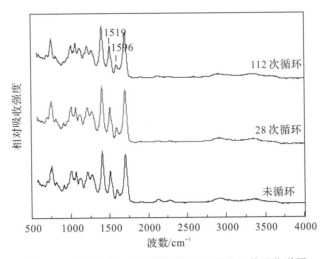

图 4.15　不同次数干湿循环后聚氨酯硬泡红外吸收谱图

由图 4.16 可见,各试样体积吸水率出现明显"两极分布"。泡沫混凝土及由泡沫混凝土参与构造的 V-F、F-P 试样体积吸水率较大,其中 V-F、F-P 试样体积吸水率都为 15%,泡沫混凝土试样体积吸水率更是在 20% 以上。并且三类试样在干湿

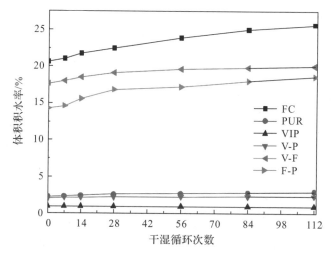

图 4.16　试样体积吸水率与干湿循环次数关系

循环过程中的吸水率均以较快速率增长,其中泡沫混凝土的增长速率最大,吸水率由初始值 20.64% 增长到 25.63%。图 4.17 给出了不同次数干湿循环后的泡沫混凝土数码照片。随着干湿循环的进行,泡沫混凝土的泡孔结构逐渐受到破坏,到第 112 次循环时,泡孔破裂明显,局部出现空洞。泡孔的破裂倒塌不仅造成材料质量损失,还会导致泡沫混凝土封闭孔的数量减少,孔之间的连通性提高,故随着干湿循环的进行,泡沫混凝土的体积吸水率逐渐提高;V-F 试样的体积吸水率前期增长明显,28 次干湿循环后,体积吸水率增长趋于缓慢;F-P 试样的体积吸水率同样在干湿循环前期增长速率较大,在 28 次循环后减缓,但其增长速率要大于 V-F 试样,因为 28 次循环后,F-P 试样中聚氨酯硬泡的体积吸水率增幅要大于 V-F 试样中真空绝热板的体积吸水率增幅。

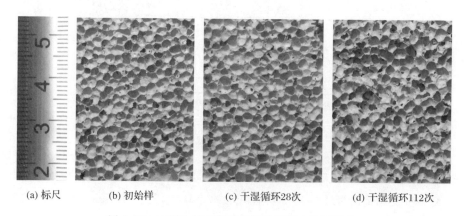

(a) 标尺　　　(b) 初始样　　　(c) 干湿循环28次　　　(d) 干湿循环112次

图 4.17　不同次数干湿循环泡沫混凝土数码照片

　　真空绝热板、聚氨酯硬泡及两者复合构造的 V-P 试样体积吸水率均不超过 5%。三者中最大的是聚氨酯硬泡,其体积吸水率由初始值2.27%增长到2.98%。 V-P 试样的体积吸水率变化曲线介于聚氨酯硬泡与真空绝热板之间,其吸水量主要由聚氨酯硬泡贡献,受到聚氨酯硬泡的影响,其体积吸水率虽低,但见缓慢增长, 112 次干湿循环后的 V-P 试样体积吸水率由 2.02% 增长为 2.36%。真空绝热板的阻隔膜构造决定了真空绝热板较低的体积吸水率,铝箔层上只有玻纤布层,玻纤布层的运用使真空绝热板能更好地与水泥黏结,而不受干湿循环的影响,阻隔膜的水蒸气透过率有限,故图中真空绝热板的体积吸水率变化曲线基本呈水平,112 次干湿循环后其体积吸水率增幅不过 0.001%。

　　干湿循环各时期的导热系数在图 4.18 中给出,图 4.19 显示的是各试样不同时期的导热系数值变化率。

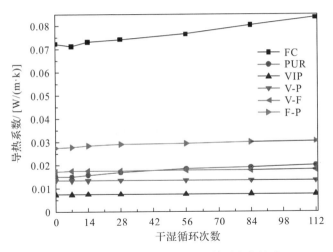

图 4.18　试样导热系数与干湿循环次数关系

　　从图 4.19 可以看到,干湿循环对泡沫混凝土和聚氨酯硬泡的影响最大,两者的导热系数值曲线上升明显,导热系数变化率也较大。泡沫混凝土的导热系数从初始值 0.0724W/(m·K)增长到 0.0836W/(m·K),涨幅为 16.93%;聚氨酯硬泡的导热系数从初始值0.0150W/(m·K)增长到 0.0200W/(m·K),涨幅 33.36%。两种材料均具有较高的导热系数变化率,其原因在于泡沫混凝土与聚氨酯硬泡均为硬质脆性材料,干湿循环过程可能造成两者泡孔壁的破坏倒塌。图 4.20 是聚氨酯硬泡的场发射扫描电镜图,图 4.22 中有泡沫混凝土的数码照片,照片中可以明显看到泡孔的破裂。泡孔的破坏,增加了孔与孔之间的连通性,缩短了热流的传热路径,降低了材料的热阻,从而使材料的保温隔热性能降低。对于聚氨酯硬泡,闭

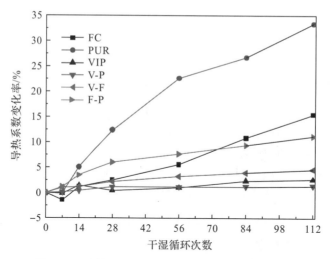

图 4.19 试样导热系数变化率与干湿循环次数关系

孔的破裂导致发泡剂气体逸出,导热系数更大的空气进入,泡孔内的气体交换增加了聚氨酯硬泡的导热系数。真空绝热板以其独特的构造,在 112 次的干湿循环中,导热系数保持稳定,波动幅度在 $\pm 0.0002W/(m \cdot K)$,说明真空绝热板在干湿循环的环境下仍能维持其正常的保温隔热功能。

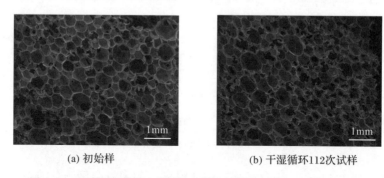

(a) 初始样   (b) 干湿循环112次试样

图 4.20 聚氨酯硬泡 50 倍扫描电镜初始样及干湿循环 112 次试样

通过复合构造的方式,三类保温隔热材料的导热系数值变化不如单试样的泡沫混凝土和聚氨酯硬泡明显。受泡沫混凝土及聚氨酯硬泡的影响,F-P 试样的导热系数值变化最大,F-P 试样在干湿循环前期的变化较大,28 次循环后的变化率增长缓慢,112 次循环后的导热系数值变化率为 11.22%;其次是 V-F 试样,该试样的变化率不超过 5%,112 次干湿循环后该值为 4.66%;最后是 V-P 试样,其在 112 次干湿循环后的导热系数变化率为 1.41%。复合构造的方式有效避免了单种材料(如泡沫混凝土及聚氨酯硬泡)在服役环境存在干湿循环时出现的保温隔热性能大幅度降低现象,有利于维护屋面保温隔热材料的传热性能处在合理状态,实现保温隔热材料与结构的同寿命。

表 4.6 是以不同干湿循环时期的单试样泡沫混凝土、聚氨酯硬泡及真空绝热板的导热系数为参数,进行计算机模拟获得的各复合保温隔热材料在不同干湿循环时期的导热系数值,并将该值作为参照值与实测值比较,验证复合构造有助于缓解干湿循环对材料的破坏。

模拟得到的导热系数值均大于实验实测导热系数值,说明复合构造的形式有利于降低干湿循环对保温隔热材料的组成和结构的破坏,维护材料的保温隔热性能,从而验证了干湿循环服役环境下复合构造的保温隔热材料较单试样更具优势。

表 4.6　不同次数干湿循环复合试样导热系数计算值与实测值

单位:W/(m・K)

干湿循环次数	V-P		V-F		F-P	
	计算值	实测值	计算值	实测值	计算值	实测值
0	0.01396	0.01338	0.01896	0.01723	0.02776	0.02743
7	0.01395	0.01340	0.01890	0.01742	0.027669	0.02775
14	0.01422	0.01343	0.01920	0.01744	0.02898	0.02839
28	0.01437	0.01353	0.01910	0.01762	0.03066	0.02910
56	0.01469	0.01354	0.01925	0.01780	0.03305	0.02953
84	0.01489	0.01355	0.01956	0.01792	0.03440	0.03002
112	0.01507	0.01357	0.01970	0.01804	0.03619	0.03051

4.1.4　高低温循环作用下保温隔热材料性能变化

高低温循环主要模拟早晚温差较大的西北地区屋面保温隔热材料服役环境。西北地区白昼与夜晚温差高者可达十几摄氏度,屋面保温隔热材料在白昼受热膨胀,在夜晚降温收缩。实验设计目的在于探究该典型气候区屋面保温隔热材料在遇热膨胀与受冷收缩两种状态间循环往复对材料性能的影响情况。

高低温循环实验按照《环境试验　第 2 部分:试验方法　试验 ZAD:温度湿度组合》(GB/T 2423.34—2012)进行,实验前先将各试样在 60℃的烘箱内烘至恒重;然后将试样置于保温箱内,设定仪器在 1h 内将温度升至 60℃,保温 2h;随后将温度在 1h 内降至 -20℃,保温 2h。试验过程中,除零下温度环境,设定保温箱湿度为 50% RH。即以高温 60℃下暴露 3h(其中升温 1h),低温−20℃下暴露 3h(其中降温 1h)为一个高低温循环。

高低温对各保温隔热材料质量的影响见表 4.7 和图 4.21。高低温循环对保温隔热材料质量的影响不如干湿循环及冻融循环严重,质量损失率最大不超过 4.0%。相同的是,无论是干湿循环还是高低温循环,都会使泡沫混凝土及其参与构造的复合保温隔热材料产生较大的质量损失率,其次是聚氨酯硬泡,而真空绝热板的质量变化不大,V-P 试样的质量损失率介于聚氨酯硬泡与真空绝热板之间。

表 4.7　不同次数高低温循环后试样质量

单位:g

循环次数	试样质量					
	FC	PUR	VIP	V-P	V-F	F-P
0	700.9	104.1	553.1	369.2	1111.1	844.3
7	695.8	103.5	553.1	368.3	1094.2	836.9
14	692.1	103.1	552.9	368.0	1090.4	831.8
28	688.5	102.9	552.7	367.8	1085.6	826.2
56	683.7	102.8	552.7	367.4	1079.7	820.7
84	679.1	102.5	552.7	367.0	1074.4	815.4
112	676.5	102.4	552.7	366.9	1069.9	811.8

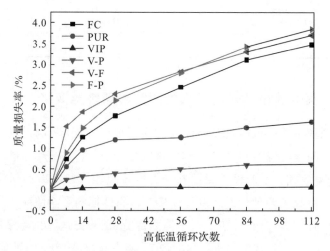

图 4.21　试样质量损失率与高低温循环次数关系

泡沫混凝土、V-F 及 F-P 在高低温循环 112 次后的数码照片如图 4.22 所示。

泡沫混凝土在 112 次高低温循环后损失质量 24.4g,质量损失率为 3.48%。图 4.22(a)中未见明显裂纹,局部放大图 4.22(b)中泡沫混凝土表面磨损严重,存在少部分泡孔破裂,但大部分泡孔保留封闭结构,同时可见一条纵向裂纹贯穿泡孔,泡沫混凝土的孔壁较薄,且脆性大,高低温循环下孔壁各处温度变化延迟,膨胀不均匀,可能造成孔壁的开裂,进而引发裂纹的生成。V-F 试样及 F-P 试样同样有较大的质量损失率,V-F 试样在 112 次高低温循环后的质量损失率为 3.71%,F-P 试样在 112 次高低温循环后的质量损失率为 3.85%。V-F、F-P 试样由泡沫混凝土参与构造,除了上述的由泡沫混凝土孔洞倒塌引起的质量损失外,从图 4.22(c)和图 4.22(d)中注意到,V-F 及 F-P 试样的泡沫混凝土端面出现明显的裂纹,裂纹网络交错贯穿整块泡沫混凝土,这些裂纹造成更多的粉碎颗粒脱落,损失更多的质量,这是图中 V-F 及 F-P 的质量损失率变化曲线高于泡沫混凝土质量损失率变化曲线的原因。这些裂纹的产生可能是由于泡沫混凝土与黏结砂浆热膨胀系数值不匹配,泡沫混凝土的热膨胀系数为 $8 \times 10^{-6}\,mm/(m \cdot \text{℃})$,黏结砂浆的热膨胀系数为 $1.2 \times 10^{-2}\,mm/(m \cdot \text{℃})$,尽管考虑到热膨胀系数的影响,尽量降低相邻材料的热膨胀系数差距,但两者之间的差距在不断的高低温循环环境下被放大。泡沫混

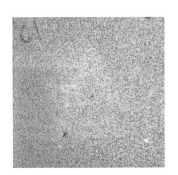

(a) 单试样泡沫混凝土

(b) 单试样泡沫混凝土局部放大

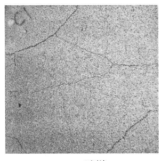

(c) V-F 试样

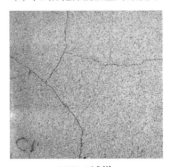

(d) F-P试样

图 4.22　112 次高低温循环泡沫混凝土、V-F 及 F-P 试样数码照片

凝土韧性差、抗拉强度低,内外因的综合作用导致复合构造的 V-F 及F-P试样泡沫混凝土一面出现较多的裂纹。

聚氨酯硬泡在 112 次的高温低循环后质量损失 1.7g,低于湿热老化实验中的 3.1g 及干湿循环实验中的 3.0g。对聚氨酯硬泡进行红外分析(见图 4.23),不同时期的红外吸收光谱差别不大,氨基甲酸酯指数从最初的3.342到 112 次循环后的 3.278,变化不大,可认为高低温循环对聚氨酯硬泡的影响不如湿热老化及干湿循环显著。真空绝热板以其优异的构造方式,在 112 次的高低温循环中仅损失质量 0.7g。该质量损失发生在实验前期,28 次循环过后,真空绝热板的质量基本维持稳定,因而推断主要原因是玻纤布上的碎屑脱落,与材料本体无关,因而不影响真空绝热板的性能。V-P 试样由于聚氨酯硬泡及真空绝热板的缘故,112 次高低温循环后的质量损失较少,仅为 2.3g。

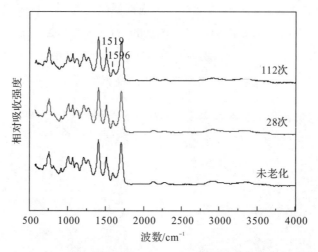

图 4.23 不同次数高低温循环后聚氨酯硬泡红外吸收谱图

高低温循环试验中各试样的体积吸水率变化如图 4.24 所示。泡沫混凝土的孔隙率较大,且开孔率高,随着高低温循环的进行,泡沫混凝土的泡孔发生破坏倒塌,开孔率进一步提高,孔与孔之间的连通性也提高,反映在体积吸水率上是该值随循环次数的增加逐渐增大。随后是 V-F 及 F-P 试样,两者因泡沫混凝土而具有较大体积吸水率,并且同泡沫混凝土一样,整个实验过程中,体积吸水率随循环次数的增加缓慢提高。图 4.24(c)和 4.24(d)中的 V-F 及 F-P 试样数码照片显示,两类复合构造的保温隔热材料在循环结束后泡沫混凝土一端出现网络状裂纹,网络状裂纹孔径较大,水分不易保留在内,对体积吸水率的影响较小,因此 V-F 及 F-P 试样在整个高低温循环中的体积吸水率变化率不及单试样泡沫混凝土明显。聚氨酯硬泡、真空绝热板及 V-P 试样的体积吸水率较低,除聚氨酯硬泡在循环前期(28 次循环)有 0.131%的体积吸水率增长外,三类试样在整个循环过程中体积吸水率基本维持不变。按复合原理,V-P 试样的体积吸水率应介于真空绝热板和聚氨酯硬泡之间,图 4.24 中 V-P 试样的体积吸水率较两组成材料更大。V-P 试样在高低温循环过程中,聚氨酯黏结剂失去黏结效果,双板分离,因更多的表面暴露,故能吸附更多的水分。

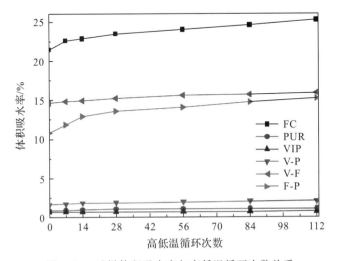

图 4.24　试样体积吸水率与高低温循环次数关系

　　高低温循环试验各试样的导热系数值及其变化率随循环次数的关系如图 4.25 和图 4.26 所示。从图中可知,各试样在高低温循环期间的导热系数变化并不大,除了真空绝热板外,各试样的导热系数变化率均随时间增大,其中以聚氨酯硬泡的导热系数变化率最大,其导热系数值在 112 次高低温后增长了 16.65%;其次是 F-P 试样,其导热系数在 112 次高低温循环后增长了 8.41%;最后是 V-F 试样,其导热系数在 112 次高低温循环后增长了 7.35%。泡沫混凝土、V-P 试样和真空绝热板的 112 次高低温循环过后的导热系数变化率分别为 6.68%,3.22%和 0.68%。

　　聚氨酯硬泡在高低温循环试验中的质量损失率仅为 1.63%,且体积吸水率的变化不大,但其导热系数变化率最高。排除孔结构变化对导热系数造成的影响,可推断是高温环境使得闭孔内的发泡剂气体的扩散系数增大。发泡剂属烃类气体,其扩散系数与温度的 1.5 次幂成比例关系,高低温循环实验下的温度提高引发了发泡剂气体与空气的相互扩散加剧,从而导致聚氨酯硬泡的导热系数值提高。

　　F-P 较 V-F 有更大的导热系数值,但在图 4.19 中,两试样的导热系数变化率曲线近乎重合,说明两者在干湿循环实验中的导热系数值变化情况相似。上述两

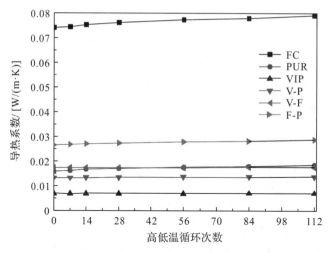

图 4.25　试样导热系数与高低温循环次数关系

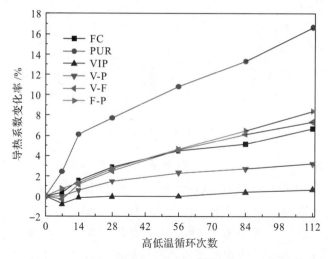

图 4.26　试样导热系数变化率与高低温循环次数关系

类复合构造的保温隔热材料采用黏结砂浆作为黏结材料,黏结砂浆的热膨胀系数为 $1.2×10^{-2}$ mm/(m·℃),泡沫混凝土的热膨胀系数为 $8×10^{-6}$ mm/(m·℃),两者差了三个数量级。高低温循环实验环境下,材料往复热胀冷缩,由于黏结砂浆与泡沫混凝土之间的热膨胀系数不匹配,加之泡沫混凝土的抗拉强度低,只有 0.11MPa,故在高低温循环试验中,F-P 及 V-F 试样泡沫混凝土一端由于受拉出现裂缝,且裂纹贯穿整块泡沫混凝土。这些纵横交错的裂缝在传热过程中成为热流集中的地方,大大降低了材料的保温隔热性能。实验期间,随着循环次数的增加,裂纹数量增加,两者的导热系数值也随之增加。

泡沫混凝土在高低温循环过程中导热系数值逐渐增大,且导热系数变化率与F-P 及 V-F 试样相当。但与 F-P 及 V-F 试样不同的是,在整个循环过程中,泡沫混凝土表面未有肉眼可见的可形成热桥的裂缝。泡沫混凝土的数码照片显示,经过112 次高低温循环后的泡沫混凝土表面存在泡孔倒塌破坏,但不显著。同时存在单试样泡沫混凝土因高低温循环引发的裂纹,裂纹贯穿多个泡孔的现象。裂纹增多,孔与孔之间的有效连通性也随之增加。因而可认为高低温循环引发了泡沫混凝土开裂,使热流在泡沫混凝土内部的传输路径缩短,热阻值降低,进而影响泡沫混凝土的保温隔热性能。

真空绝热板整个高低温循环过程中的导热系数值变化范围在 $0.00699 \sim 0.00709 \mathrm{W}/(\mathrm{m} \cdot \mathrm{K})$,变化率不高,其保温隔热性能基本维持稳定,高低温循环对真空绝热板的影响很小。

V-P 试样在 11 次高低温循环后,真空绝热板与聚氨酯硬泡分离,固化聚氨酯黏结剂黏附在真空绝热板与聚氨酯硬泡黏结端表面,完全失去黏性,见表 4.8。实验后期,导热系数数据是对导热系数测定仪施加一定压应力的基础上获取得到。V-P 试样的导热系数除受到聚氨酯硬泡发泡剂气体逸出的影响外,黏结界面的空气层同样会成为材料的热桥部位,从而增加 V-P 试样的传热速率。

表 4.8　不同次数高低温循环复合试样导热系数计算值与实测值

单位:W/(m・K)

高低温循环次数	V-P		V-F		F-P	
	计算值	实测值	计算值	实测值	计算值	实测值
0	0.01326	0.013379	0.01921	0.017482	0.02920	0.026693
7	0.01328	0.013379	0.01912	0.017434	0.02979	0.02689
14	0.01342	0.013458	0.01923	0.01739	0.03072	0.027043
28	0.01351	0.013579	0.01936	0.017424	0.03170	0.027424
56	0.01364	0.013689	0.01947	0.017478	0.03203	0.027924
84	0.01372	0.013743	0.01952	0.017625	0.03265	0.028424
112	0.01385	0.01381	0.01965	0.017767	0.03353	0.02894

同样以不同高低温循环时期的单试样泡沫混凝土、聚氨酯硬泡及真空绝热板的导热系数为参数,进行计算机模拟获得不同高低温循环时期的各复合保温隔热材料导热系数值,并将该值作为参照值与实测值比较,探究复合构造对材料抵抗高低温循环的影响。

将模拟得到的导热系数值与实验实测导热系数值进行比较。V-P 试样的实测值与参照值接近,但要略大于参照值。真空绝热板与聚氨酯硬泡的完全分离对复合材料的导热系数值影响较大,说明高低温循环试验环境下如果无法保证材料的正常贴合,则复合构造的形式完全没有意义。对于 V-F 试样及 F-P 试样,尽管在泡沫混凝土的表面出现较多的裂纹,但其参照值仍要大于实测值,说明此时复合构造的形式有利于降低高低温循环对保温隔热材料的组成、结构的破坏,维护材料的保温隔热性能。

4.1.5　多场耦合作用下保温隔热材料性能变化

各试样受耦合多场作用产生的质量变化如表 4.9 所示,根据表 4.9 中数据计算各试样在不同龄期的质量损失率,如图 4.27 所示。

表 4.9　多场耦合作用下不同时期试样质量

单位:g

老化天数	试样质量					
	FC	PUR	VIP	V-P	V-F	F-P
0	718.3	104.6	508.2	375.9	1125.4	843.2
7	716.6	103.5	507.7	375.0	1117.4	839.5
14	714.7	103.3	507.7	374.7	1116.6	834.7
28	712.9	103.0	507.4	374.2	1114.7	830.4
56	710.9	102.8	507.2	373.6	1113.5	826.8
84	709.2	102.6	507.2	372.9	1112.3	824.3
112	707.2	102.2	507.2	372.3	1110.7	819.4

泡沫混凝土在耦合多场作用 112d 后的质量损失为 11.1g,低于高低温循环和冻融循环实验时的质量损失。一方面,耦合多场设定相对湿度值为 93%(温度为 60℃),保证恒温恒湿箱内有较多的水汽,降温时,水汽在泡沫混凝土孔内凝结液化,虽无法使大孔饱水,但泡沫混凝土小孔径的泡孔可能因此充水饱和,在随后的 -20℃ 低温环境中结冰膨胀,使泡孔壁开裂破坏,而在泡沫混凝土上方施加压应力可能加剧冻融对泡沫混凝土的破坏。另一方面,耦合多场的高低温循环与高低温循环试验不同,该试验高低温转换迅速,耦合多场从 60℃ 降到 -20℃ 用时 2h,缓慢降温减少了泡沫混凝土因热膨胀不均匀而开裂的现象。

耦合多场作用 112d 时聚氨酯硬泡质量损失 2.4g,质量损失变化率为 2.29%。

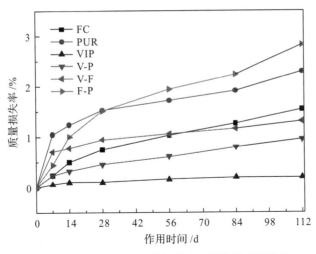

图 4.27　试样质量损失率与耦合多场作用时间关系

耦合多场对聚氨酯硬泡的影响首先是其化学组成,作用 112d 后,聚氨酯硬泡表面颜色加深,由淡黄色转变为棕黄色,对聚氨酯硬泡进行红外分析,红外吸收光谱如图 4.28 所示。以氨基甲酸酯指数表征聚氨酯保温材料中氨基甲酸酯基团的相对浓度,则初始样的氨基甲酸酯指数为 3.302;耦合多场下作用 28d 聚氨酯硬泡的氨基甲酸酯指数为 2.737;耦合多场下作用 112d 聚氨酯硬泡的氨基甲酸酯指数为 2.658。聚氨酯硬泡的氨基甲酸酯指数的持续下降表明耦合多场长期作用会引起氨基甲酸酯基的降解,导致分子链断裂。聚氨酯硬泡同样受到耦合多场中温度交变的影响。高低温的交变使泡孔壁开裂,低温也可能导致泡孔因孔内液态水结冰

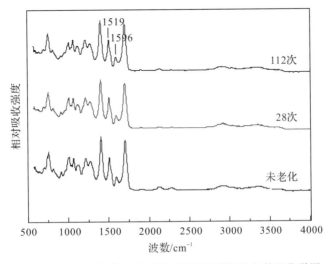

图 4.28　耦合多场作用下不同时期聚氨酯硬泡红外吸收谱图

胀裂,长期作用下孔壁成块脱落,造成质量损失。

耦合多场对真空绝热板的影响较小,其质量未有较大变化,整个实验期间,其质量变化为 0.20%。真空绝热板的外层阻隔膜构造具有良好的阻气阻湿能力。38℃,90%RH 下阻隔膜的水蒸气透过率仅有 0.025g/(m² · d);23℃,0% RH 下阻隔膜的氧气透过率为 0.026cm³/(m² · d)。在表层阻隔膜不被刺穿的状态下,真空绝热板的质量变化主要由外层玻纤布引起,玻纤布主要用于增强真空绝热板与水泥砂浆的黏结性,对真空绝热板的热工性能影响可忽略不计。

三种复合试样,耦合多场作用下 F-P 试样的质量损失最大,为 23.8g,质量损失率为 2.82%。F-P 试样有较大质量损失的原因在于其构成材料泡沫混凝土和聚氨酯硬泡均有较大的质量损失。复合构造保温隔热材料的性能主要取决于其组成基材。真空绝热板的质量变化小,故 V-F 和 V-P 的质量损失率要小于单试样的泡沫混凝土和聚氨酯硬泡。复合构造的形式起到很好的"中和"作用,降低了单种材料由于化学组成老化和性能降低引起的破坏。

各材料在耦合多场作用下的体积吸水率趋势如图 4.29 所示。泡沫混凝土有最大的体积吸水率,且在耦合多场作用期间体积吸水率增长明显。泡沫混凝土存在凝胶间孔、颗粒间孔和宏孔。宏孔无法保留住水分,仅能起到润湿孔壁的作用,故宏孔对体积吸水率有贡献,但影响不大。受耦合多场影响的多是因冻融破坏的孔径较小泡孔,因而在耦合多场作用下,泡沫混凝土的体积吸水率呈缓慢增长趋势,实验结束后,其体积吸水率增长了 2.76%。耦合多场不同作用时期的泡沫混

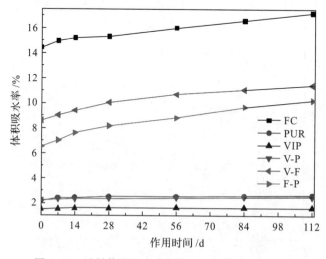

图 4.29　试样体积吸水率与耦合多场作用时间关系

凝土试样数码照片如图 4.30 所示,不同时期的泡沫混凝土泡孔结构完整、排列规则,但视域内可见裂纹,裂纹贯穿 2～4 个泡孔。小范围的开裂可能由小孔冻融胀裂引起,并在压应力和高低温交变作用下扩展。

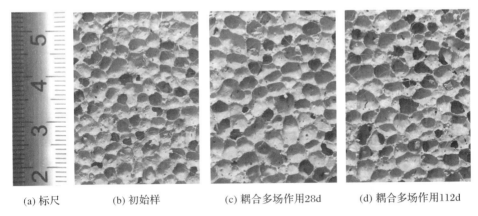

| (a) 标尺 | (b) 初始样 | (c) 耦合多场作用28d | (d) 耦合多场作用112d |

图 4.30　耦合多场作用不同时期泡沫混凝土数码照片

有泡沫混凝土参与构造的 V-F 和 F-P 试样的体积吸水率主要受泡沫混凝土的影响,体积吸水率在实验前期增长较快,28d 后放缓,并在整个耦合多场作用期间逐渐增长。112d 时,V-F 试样的体积吸水率由 8.59％增长到 11.45％,F-P 试样的体积吸水率由 6.81％增长到 10.21％。聚氨酯硬泡在耦合多场作用下,体积吸水率从初始值 2.18％增长到 2.65％。耦合多场作用 112d 的聚氨酯硬泡扫描电镜图如图 4.31 所示,耦合多场作用下,112d 的样品表层出现泡孔的破裂,局部倒塌严重,但聚氨酯硬泡的闭孔率高达 90％以上,封闭孔隙在有效避免水分进入的同时,也能抵抗外界环境的不利影响,受到破坏的泡孔只是聚氨酯硬泡表层的有限泡孔,因而聚氨酯硬泡的体积吸水率出现缓慢增长,但总体变化并不明显。

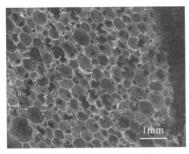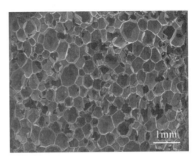

| (a) 初始样 | (b) 耦合多场作用112d |

图 4.31　初始样及耦合多场作用 112 天聚氨酯硬泡 50 倍扫描电镜图

真空绝热板体积吸水率最低,且在整个湿热老化过程中维持稳定,变化较小。由于真空绝热板使用的阻隔膜对耦合多场的湿气有很好的阻隔作用,组成关键材料均为化学性质稳定的无机材料,受高低温交变的影响较小,故真空绝热板的性质在耦合多场长期作用下仍能维持稳定,在保证真空体系不被破坏的情况下,真空绝热板具有很好的服役性能。V-P 试样的体积吸水率变化曲线介于聚氨酯硬泡与真空绝热板之间,但更接近聚氨酯硬泡,其吸水量主要由聚氨酯硬泡贡献,体积吸水率的变化主要受到聚氨酯硬泡的影响,耦合多场作用期间其体积吸水率由 2.25% 缓慢增长至 2.52%。

选用的保温隔热材料在耦合多场的长期作用下导热系数值大概变化情况如图 4.32 所示,图中泡沫混凝土、F-P 试样和聚氨酯硬泡的导热系数耦合场作用龄期增长明显,真空绝热板、V-P 试样和 V-F 试样的导热系数值相对持平。为方便分析,将图 4.32 中导热系数转换为导热系数随作用时间的变化率,则各材料在耦合多场期间的导热系数变化率随时间变化趋势如图 4.33 所示。

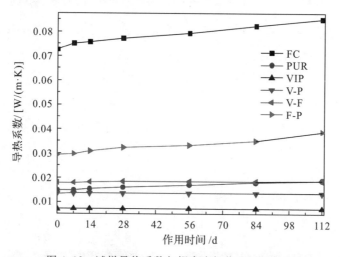

图 4.32　试样导热系数与耦合多场作用时间关系

从图 4.33 可得,聚氨酯硬泡的导热系数值在耦合多场作用期间增幅最大,导热系数始终以较快速率变化。耦合多场作用对聚氨酯硬泡的化学组成造成影响,耦合多场高温高湿环境下聚氨酯硬泡出现链的断裂,氨基甲酸酯基的降解改变了泡孔孔壁的化学成分及其性能。耦合多场作用下聚氨酯硬泡的孔形貌变化可通过场发射扫描电镜得到,聚氨酯硬泡表层的泡孔会形成空洞及倒塌型泡孔。导致聚氨酯硬泡在耦合多场作用期间导热系数值持续上升的原因主要有两个:一是由于聚氨酯硬泡的孔结构发生变化,耦合多场长期作用下聚氨酯硬泡表层出现泡孔破裂、倒塌的现象,封闭泡孔的破坏缩短了热流的传热途径,降低了聚氨酯硬泡的有效厚度,造成聚氨酯硬泡导热系数值持续增长;二是大量封闭孔在耦合多场的作用下破裂,发泡剂气体逸出,而发泡剂气体的导热系数值要远低于空气导热系数,发泡剂气体间的交换增加了聚氨酯硬泡的热导率。

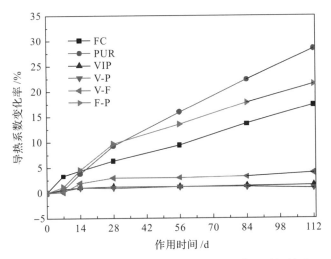

图 4.33 试样导热系数变化率与耦合多场作用时间关系

对于泡沫混凝土,导热系数从 $0.072W/(m \cdot K)$ 增长到 $0.085W/(m \cdot K)$,增幅为 17%。泡沫混凝土在耦合多场长期作用下,损失质量低于冻融循环和高低温循环的影响,泡沫混凝土的泡孔绝大部分维持完整,排列规则。但泡沫混凝土的体积吸水率却在耦合多场下有增长,体积吸水率经耦合多场的作用,提高了 2.76%。图 4.30 是耦合多场不同作用时期的泡沫混凝土试样数码照片,放大 10 倍视域内可见裂纹,裂纹贯穿 $2\sim4$ 个泡孔。裂纹宽度为 $100\mu m$,长度约为 $1cm$,微细的裂纹遍布泡沫混凝土。这些裂纹在传热过程中成为热流集中通过的部分,降低了闭孔泡沫混凝土的有效热阻。耦合多场高低温交变使泡沫混凝土泡孔内冷凝水饱和,泡孔壁因冻融开裂,上方施加的恒压应力加速微裂纹的扩展,随着耦合多场作用龄期增加,裂纹数目增加,出现导热系数随时间逐渐提高。

真空绝热板运用了真空绝热原理,从而具有较低的热导率,真空环境的实现依赖其阻隔膜具有的高阻气阻湿能力。阻隔膜的水蒸气透过率为 $0.025g/(m^2 \cdot d)$,氧气透过率为 $0.026cm^3/(m^2 \cdot d)$。阻隔膜将耦合多场的湿气隔绝在外,避免了芯材湿度增高导致的导热系数提高;内部芯材为化学性质稳定的微硅粉,耦合多场的高低温交变并不会造成材料的化学性质改变;真空绝热板通过抽真空使芯材微硅粉塑性,在不散失真空度的情况下,真空绝热板的压缩强度可超过 $0.1MPa$,故在

上方施加 $0.5kN/m^2(0.00005MPa)$ 的恒压应力时,对其影响可忽略不计。真空绝热板构造特殊,保证了其能在耦合多场长期作用下维持结构性能的稳定。

复合构造的三类保温隔热材料,导热系数及导热系数变化率均介于两基材之间,说明复合取得互补的优势,避免了因耦合多场作用下单一材料的性能急剧下降造成保温隔热材料的失效。复合保温隔热材料的性能取决于基材又高于基材,构造复合保温隔热材料以缓和单种材料的不利影响,实现两种材料的优劣互补。以各个时期的泡沫混凝土、聚氨酯硬泡及真空绝热板的导热系数为参数,进行模拟获取耦合多场作用不同时期的各复合保温隔热材料导热系数值,并将该值作为参照值与实测值比较(见表 4.10),验证复合构造有助于缓解耦合多场作用对材料的破坏这一构想。

表 4.10　耦合多场作用下不同时期复合试样导热系数计算值与实测值

单位:$W/(m \cdot K)$

老化天数	V-P		V-F		F-P	
	计算值	实测值	计算值	实测值	计算值	实测值
0	0.01349	0.01338	0.01911	0.0179	0.02937	0.02889
7	0.01378	0.01345	0.01956	0.01793	0.02972	0.02939
14	0.01357	0.01351	0.01926	0.01824	0.03074	0.02879
28	0.01384	0.01351	0.0194	0.01844	0.03222	0.02994
56	0.01377	0.01353	0.01904	0.01844	0.03334	0.0305
84	0.01425	0.01354	0.01953	0.01847	0.0346	0.03225
112	0.01465	0.01351	0.01969	0.01861	0.03569	0.03429

由表 4.10 可知,模拟得到的导热系数值均大于实验实测导热系数值,复合构造的形式有利于降低耦合多场作用对保温隔热材料的组成、结构的破坏,维护材料的保温隔热性能,说明在耦合多场长期作用下,复合构造的保温隔热材料较单试样更具有优势。

4.2　屋面多场耦合模型的建立

多孔介质屋面内的温度、相对湿度和竖向荷载同时传递可以通过一组相互耦合的偏微分方程组来描述[92]。本书在孔泽尔(Kunzel)的研究基础上,根据质量守恒定律和能量守恒定律,建立了一个以温度、相对湿度和竖向荷载为驱动势的建筑屋面热、热应力、湿耦合传递非稳态模型。并假设:①屋面材料为均匀且各向同性的连续介质,固体骨架不发生形变;②不考虑冻融过程的影响,孔隙内只有气相和液相;③忽略温度对墙体材料平衡含湿量的影响;④忽略重力作用下渗透水流的影响;⑤对于屋面结构而言,不考虑材料交界面处接触热湿阻力的影响。

4.2.1　热传递模型

根据单元体能量守恒,控制单元内焓的变化等于流入控制单元的净能量[94]。能量守恒方程可表示为:

$$\frac{\partial}{\partial t}c_{p,m}\rho_m T + c_{p,m}\rho_m \nabla T = -\nabla q + Q \tag{4.3}$$

导热热流密度可以通过傅里叶定律来表示:

$$q = -\lambda \nabla T \tag{4.4}$$

式中,λ 为导热系数,单位为 $W/(m \cdot K)$;方程右边的负号表明热流密度方向与温度梯度方向相反;ρ_m 为干材料密度,单位为 kg/m^3;$c_{p,m}$ 为干材料的比热,单位为 $J/(kg \cdot K)$;Q 为热源。

4.2.2　湿传递模型

由于屋面材料为各向同性的连续多孔介质,故可根据单元体质量守恒表示为[95]:

$$\frac{\partial \omega}{\partial t} = -\nabla(j_l + j_v) \tag{4.5}$$

式中,ω 为体积含湿量,单位为 kg/m^3;t 为时间,单位为 s;j_v 为水蒸气传递速率,单位为 $kg/(m^2 \cdot s)$;j_l 为液态水传递速率,单位为 $kg/(m^2 \cdot s)$;

水蒸气传递分为扩散部分($j_{v,d}$)和对流部分($j_{v,c}$)可表示为:

$$j_v = j_{v,d} + j_{v,c} \tag{4.6}$$

水蒸气扩散可以表示成 Fick 定律的形式,即传递系数乘以状态变量的梯度:

$$j_{v,d} = -\delta_p \nabla P_v \tag{4.7}$$

式中,δ_p 为水蒸气渗透系数,单位为 $kg/(ms \cdot Pa)$;方程右边的负号表示水蒸气的扩散方向与水蒸气分压力梯度方向相反。

水蒸气对流传递部分是由于多孔介质内水蒸气随空气流动而发生的迁移:

$$j_{v,c} = j_a \omega_a \tag{4.8}$$

式中,j_a 为多孔介质孔隙内空气的流量,单位为 $kg/(m^2 \cdot s)$;ω_a 为空气的含湿量,

单位为 kg/kg;

将公式(4.7)和(4.8)代入公式(4.6)得到:

$$j_v = -\delta_p \nabla P_v + j_a \omega_a \tag{4.9}$$

根据达西定律,液态水的传递速率可表示为:

$$j_l = D_l \nabla P_c \tag{4.10}$$

式中,D_l 为液态水渗透率,单位为 kg/(ms·Pa);P_c 为毛细水压力,单位为 Pa,由开尔文关系式可知 $P = R_v \rho_w T \ln(\varphi)$;$\varphi$ 为相对湿度。

将公式(4.10)代入得湿传递公式:

$$\frac{\partial \omega}{\partial t} = \nabla(\delta_p \nabla P_v - j_a \omega_a - D_l \nabla P_c) \tag{4.11}$$

4.2.3　热湿耦合方程

将体积含湿量看作材料含湿量 U 和温度 T 的函数,可得:

$$\omega = f(U, T) \tag{4.12}$$

方程两边对时间 t 求导:

$$\frac{\partial \omega}{\partial t} = \frac{\partial \omega}{\partial U} \cdot \frac{\partial U}{\partial t} + \frac{\partial \omega}{\partial T} \cdot \frac{\partial T}{\partial t} \tag{4.13}$$

在传热能量守恒方程中,引入公式(4.13)得公式(4.14)。假设水蒸气汽化潜热、干材料、空气与液态水的比热为常数,并忽略温度对材料平衡含湿量的影响,与水蒸气汽化潜热相比,水蒸气和液态水的显热可以忽略不计。尽管水蒸气的汽化潜热很大,但由于水蒸气传递速率小,其含湿量变化率非常小,方程可简化为:

$$\frac{\partial}{\partial t}(c_{p,m}\rho_m T + h_v \omega_v + h_l \omega_l) = -\nabla(q + h_v j_v + h_l j_l + h_a j_a) \tag{4.14}$$

$$\frac{\partial T}{\partial t}(c_{p,m}\rho_m + \omega c_{p,l}) = -\nabla(q + h_{lv} j_v + c_{p,a} j_a T) \tag{4.15}$$

式中,ρ_m 为干材料密度,单位为 kg/m³;$c_{p,m}$ 为干材料的比热,单位为 J/(kg·K);ω_v 为水蒸气形式的含湿量,单位为 kg/m³;ω_l 为液态水形式的含湿量,单位为 kg/m³;h_v 为水蒸气的比焓,单位为 J/kg;h_l 为水蒸气的比焓,单位为 J/kg;h_a 为空气的比焓,单位为 J/kg;q 为导热热流密度,单位为 W/m²;h_{lv} 为水蒸气的汽化潜热,单位为 J/kg;$c_{p,l}$ 为液态水的比热,单位为 J/(kg·K);$c_{p,a}$ 为空气的比热,单位为 J/(kg·K);

在湿传递过程中,引入公式(4.13)得公式(4.16)。由于温度变化所引起的液态水传递量很小,可以忽略不计。因此,公式(4.16)可简写为公式(4.17):

$$\frac{\partial \omega}{\partial t} = \frac{\omega_s}{\xi \rho_m}\left(D_v R_v \rho_a T_m + \frac{\xi \rho_m}{\omega_s} D_w\right)\frac{\partial^2 \omega}{\partial x^2} + \left(\omega_s \frac{\partial \varphi}{\partial T} + \varphi \frac{\partial \omega_s}{\partial T}\right)\frac{\partial T}{\partial t} \tag{4.16}$$

$$\frac{\partial \omega}{\partial t} = \frac{\omega_s}{\xi \rho_m} \left(D_v R_v \rho_a T_m + \frac{\xi \rho_m}{\omega_s} D_w \right) \frac{\partial^2 \omega}{\partial x^2} + \varphi \frac{\partial \omega_s}{\partial T} \frac{\partial T}{\partial t} \tag{4.17}$$

式中,ω 为空气含湿率,单位为 kg/kg;T 为温度,单位为 K;t 为时间,单位为 s;φ 为相对湿度;ω_s 为饱和空气含湿量,单位为 kg/kg;ξ 为湿平衡曲线的斜率,单位为 kg/kg;D_v 为材料的水蒸气扩散系数,单位为 kg/(MPa·s);R_v 为水蒸气气态常数,单位为 J/(kg·K);T_m 为材料温度,单位为 K;ρ_a 为空气密度,单位为 kg/m³;D_l 为材料的液态水扩散系数,单位为 kg/(MPa·s);

4.2.4　热固耦合方程

弹性体的温度发生改变时,它将随着温度的升高或降低而膨胀或收缩。若弹性体不受任何约束,其膨胀或收缩可以自由地发生,且在弹性体内不会产生应力。然而,当弹性体所受的外部约束或弹性体各部分之间的相互约束使这种膨胀或收缩不能自由地发生时,弹性体内就会产生应力,即所谓温度应力[96]。

物理方程为:

$$\sigma_{i,j} = 2G\varepsilon_{i,j} + (A_e - \beta_T)\delta_{i,j} \tag{4.18}$$

平衡方程为:

$$\nabla^2 u_i + \frac{1}{1-2\mu}\frac{\partial \varepsilon_{kk}}{\partial i} - \frac{2(1+\mu)}{1-2\mu}\frac{\partial T}{\partial i} + \frac{f_i}{G} = 0 \tag{4.19}$$

协调方程为:

$$\nabla^2 \delta_i + \frac{1}{1+\mu}\frac{\partial^2 \delta_{kk}}{\partial i^2} = -\alpha_E \left(\frac{1}{1+\mu}\nabla^2 T + \frac{1}{1+\mu}\frac{\partial^2 T}{\partial i^2} \right) - \left(\frac{\mu}{1-\mu}\frac{\partial f_i}{\partial i} + 2\frac{\partial f_i}{\partial i} \right) \tag{4.20}$$

式中,$\beta = \frac{\alpha_E}{1-2\mu} = \lambda \alpha_E + 2G$;$G = \frac{E}{2(1+\mu)}$;$A_e = \frac{\mu E}{(1-2\mu)(1+\mu)}$;$\delta_{kk} = \delta_{xx} + \delta_{yy} + \delta_{zz}$;$\varepsilon_{kk} = \varepsilon_{xx} + \varepsilon_{yy} + \varepsilon_{zz}$;$E$ 为弹性模量;α_E 为线膨胀系数;μ 为泊松比;f_i 为单位体积力在坐标轴上的分量。

4.2.5　边界条件

为了求得耦合方程的数值解,需要知道初始值和边界条件才能将方程的特定解求出。

热传递守恒方程外表面及内表面如公式(4.21)和公式(4.22)所示[97]:

$$-\lambda \frac{\partial T}{\partial x} = h_{c,\text{out}}(T_{\text{out}} - T_{\text{surf}}) + rh_{m,\text{out}}(W_{\text{out}} - W_{\text{surf}}) \tag{4.21}$$

$$-\lambda \frac{\partial T}{\partial x} = h_{c,\text{in}}(T_{\text{in}} - T_{\text{surf}}) + rh_{m,\text{in}}(W_{\text{in}} - W_{\text{surf}}) \tag{4.22}$$

湿传递守恒方程外表面及内表面如公式(4.23)和公式(4.24)所示:

$$-D_vR_v\rho_aT\frac{\partial \omega}{\partial x}+R_v\rho_a\omega-\frac{\partial \omega}{\partial x}\frac{\xi\rho_0D_1}{\omega_s}=h_{m,\text{out}}(W_{\text{out}}-W_{\text{surf}}) \tag{4.23}$$

$$-D_vR_v\rho_aT\frac{\partial \omega}{\partial x}+R_v\rho_a\omega-\frac{\partial \omega}{\partial x}\frac{\xi\rho_0D_1}{\omega_s}=h_{m,\text{in}}(W_{\text{in}}-W_{\text{surf}}) \tag{4.24}$$

室内外边界压力如公式(4.25)所示:

$$P_{\text{surf}}=P_{\text{in}}=P_{\text{out}} \tag{4.25}$$

式中,λ 为导热系数,单位为 W/(m·K);h_c 为表面换热系数,单位为 W/(m·K);T_{out},T_{in} 分别表示屋面外内表面环境温度,单位为 K;T_{surf} 表示屋面表面温度,单位为 K;W_{in} 和 W_{out} 分别表示屋面内外相对湿度,单位为 kg/kg;W_{surf} 表示屋面表面相对湿度,单位为 kg/kg;r 为蒸发潜热,单位为 kJ/kg;P_{surf} 为屋面内表面压力,单位为 Pa;P_{in} 和 P_{out} 分别指室内压力与室外压力,单位为 Pa。

4.3　COMSOL 多场耦合对比

根据实验选择四种方案,如表 4.11 所示,并结合热湿耦合及热固耦合方程对这四种方案进行多场耦合模拟。

表 4.11　多场耦合对比方案

模拟方案	组合形式
方案一	25mm 泡沫混凝土＋2mm 黏结砂浆＋30mm 聚氨酯
方案二	25mm 泡沫混凝土＋2mm 黏结砂浆＋15mm 聚氨酯
方案三	15mm 聚氨酯＋2mm 黏结砂浆＋15mm 真空绝热板
方案四	25mm 泡沫混凝土＋2mm 黏结砂浆＋15mm 真空绝热板

室内温度为 20℃,相对湿度为 0.6。屋面处夏季高温设置为 60℃,相对湿度为 0.3,上人荷载为 2kN/m²;冬季时屋面处温度为 −20℃,相对湿度为 0.9,上人荷载为 2kN/m²。由于屋面材料设置在结构内,边界处设置为开边界。得到四种方案分别在纯热传递、热湿耦合及热固耦合作用下底部 a 点(150,150,0)温度随时间的变化,如图 4.34～图 4.37 所示。

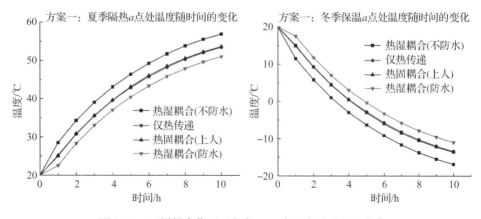

图 4.34　不同耦合作用下方案一:a 点温度随时间的变化

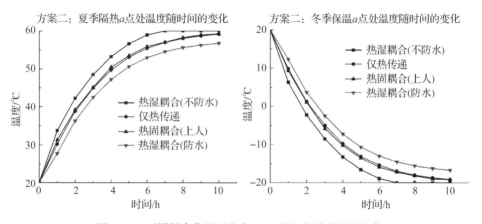

图 4.35　不同耦合作用下方案二:a 点温度随时间的变化

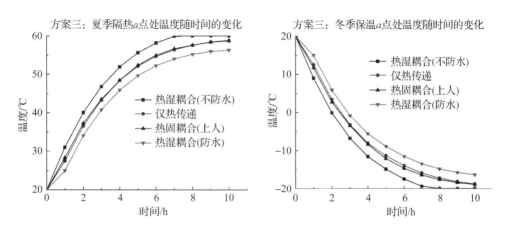

图 4.36　不同耦合作用下方案三:a 点温度随时间的变化

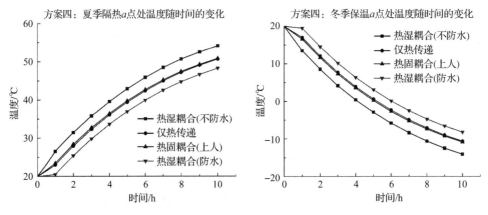

图 4.37 不同耦合作用下方案四:a 点温度随时间的变化

从图 4.34～图 4.37 中可以直观地看出,热固耦合时 a 点处的温度比仅考虑热传递时 a 点的温度要高,但差值很小,几乎可以忽略。屋面荷载对保温隔热系统的传热过程没有影响,这可能是因为保温材料虽然受到拉力、压力、剪力及弯矩的影响,受力力方向上有一定程度的压缩,但在材料不破坏的前提下,保温隔热材料的孔结构没有较大的变化,从而材料的热工性能并未出现较大变化。

相比之下,以方案一为例,在夏季高温时,考虑热湿耦合(防水)情况下 a 点的温度比考虑热固耦合和仅热传递时的温度要低。这是因为模拟方案所选的材料(如聚氨酯和真空绝热板)的水蒸气渗透系数很低。因此,组合方案的防水效果很好,导致屋面处的液态水不能渗透进材料中而积攒在表面处。液态水受热蒸发形成水蒸气后,由于水蒸气对长波辐射有很好的吸收特性,而常见的建筑材料其辐射热又是长波辐射,所以水蒸气阻隔了空气间层的辐射传热。湿度越大,水蒸气就会越多,其阻隔辐射传热的能力也会越强;反之,阻隔能力越弱。而当考虑热湿耦合(不防水)时,a 点的温度比考虑热固耦合和仅热传递时的温度要高得多。这是因为在不考虑防水层的作用下,液态水渗透在材料孔隙处和部品构件缝隙处,而液态水的导热系数比空气的导热系数要大得多[20℃下液态水的导热系数为 0.60 W/(m·K)],因此提高了板间的热流传递。湿度越大,水蒸气越多,其传热的能力也会越强,构造的复合保温隔热材料绝热性能越差。

4.4　材料孔隙率与导热系数的演变关系

本书运用 COMSOL 有限元软件和 MATLAB 定性给出了不同孔隙率材料的导热系数值,并与经典理论计算模型 Campbell-Allen 模型和 Zimmerman 模型进行对比验证,为实际工程中检测材料导热系数提供了一种简单、快捷的方法。

4.4.1　初始条件

4.4.1.1　材料

选用北京中科新筑混凝土有限公司生产的混凝土,其具体参数如表 4.12 所示。

表 4.12　材料的基本参数

材料	导热系数/[W/(m·K)]	比热容/[J/(kg·K)]	密度/(kg/m³)
100mm 厚混凝土	0.077382	1050	247
空气	0.023	1000	1.29

4.4.1.2　COMSOL 有限元软件仿真方法

结合文献得知,COMSOL 有限元软件能够有效测定材料的导热系数。因此,仿照实际导热系数测试仪环境建立模型:室内温度为 20℃;热板(上表面)为 35℃,冷板(下表面)为 15℃,两侧均为开边界。结合 MATLAB 建立孔结构随机分布,对五种不同孔隙率(0%、20%、40%、60%、100%)的混凝土进行导热系数值测定,如图 4.38 所示。混凝土骨料的导热系数设置为混凝土的初始导热系数,而孔洞处内为空气,假定混凝土内部的含水率为 0。

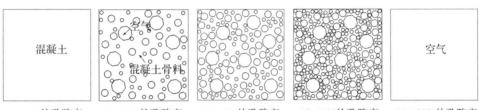

(a) 0%的孔隙率　(b) 20%的孔隙率　(c) 40%的孔隙率　(d) 60%的孔隙率　(e) 100%的孔隙率

图 4.38　五种不同的孔隙率分布

将图4.38(a)中的混凝土试块分别进行网格划分并进行独立性检验,得最大单元为6.7mm,最小单元为0.03mm,最大单元增长率为1.3,如图4.39(a)和图4.39(e)所示;最大单元为3.7mm、最小单元为0.0125mm,最大单元增长率为1.25,如图4.39(b)所示;最大单元为2mm、最小单元为0.0075mm,最大单元增长率为1.2,如图4.39(c)所示;最大单元为1mm、最小单元为0.002mm,最大单元增长率为1.1,如图4.39(d)所示。

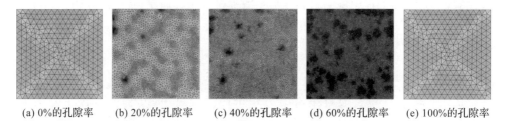

(a) 0%的孔隙率　　(b) 20%的孔隙率　　(c) 40%的孔隙率　　(d) 60%的孔隙率　　(e) 100%的孔隙率

图4.39　五种不同的孔隙率的网格划分及独立性检验

4.4.2　结果与讨论

4.4.2.1　模拟结果

通过COMSOL软件稳态计算得出,当孔隙率为0时,温度扩散均匀,在混凝土中间处达到温度平衡且为一水平线,如图4.40(a)所示;而当孔隙率逐渐增加时,孔洞增多,温度平衡时的曲线变化逐渐曲折,如图4.40(b)～图4.40(d)所示。这是因为一方面空气的导热系数比混凝土低很多,在孔径边缘会出现热桥效应;另一方面,是大孔洞的出现会导致界面本身出现不平整性,使传热路径发生改变。

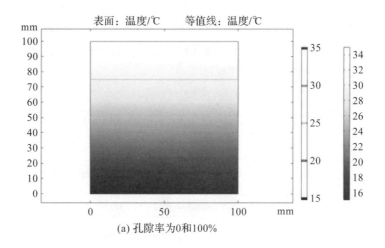

(a) 孔隙率为0和100%

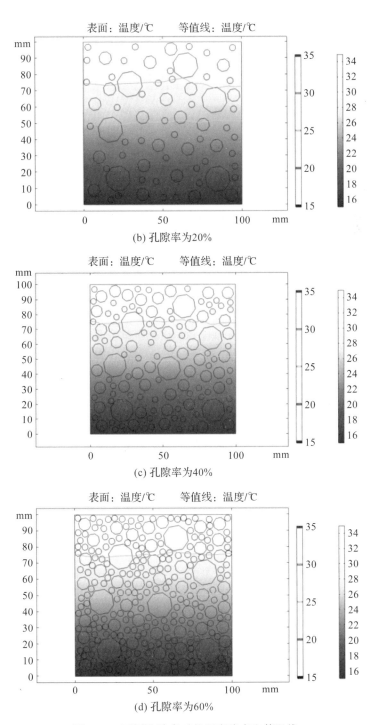

(b) 孔隙率为20%

(c) 孔隙率为40%

(d) 孔隙率为60%

图 4.40 不同孔隙率时的温度稳态和等温线

4.4.2.2 讨论

根据图 4.40,结合 COMSOL 软件的内置公式(4.26)计算得到不同孔隙率情况下的材料总热通量和温度梯度。

$$\rho C_p \nabla T + \nabla(-\lambda \nabla T) = Q \tag{4.26}$$

式中,ρ 为材料初始密度;C_p 为初始比热容;∇ 为梯度算子;T 为温度;λ 为初始材料导热系数;Q 为总热量。根据公式(4.27)可进一步计算材料的复合导热系数:

$$\lambda = -\frac{q}{\dfrac{\partial T}{\partial x}} \tag{4.27}$$

式中,λ 为复合导热系数,单位为 W/(m·K);q 为热通量,单位为 W/m²;$\dfrac{\partial T}{\partial x}$ 为温度梯度,单位为 K/m。

由欧姆定律推导出的 Campbell-Allen 模型如公式(4.28)所示:

$$k = k_s(2M - M^2) + \frac{k_s k_a (1-M)^2}{k_a M + k_s(1-M)} \tag{4.28}$$

Zimmerman 模型运用平均场理论,提出了连续介质模型用于导热系数的计算,如公式(4.29)所示。同时,该模型不仅考虑了泡沫混凝土的孔隙率,还考虑了孔的形状等因素,但本书中的随机分布形状均为正八边形,尺寸最小直径为 3mm,最大直径为 16mm,故不考虑该因素的影响。

$$\frac{1}{k} = \frac{p}{k_s} + \frac{1-p}{k_a} \tag{4.29}$$

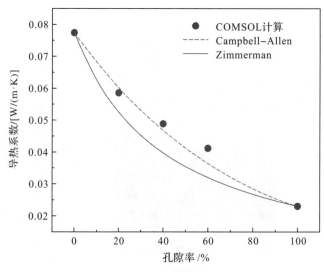

图 4.40 导热系数与孔隙率的演变关系

式中,$M=1-(1-p)^{1/3}$;p 为孔隙率;k 为最终泡沫混凝土的导热系数;k_s 为固体的导热系数(骨料);k_a 为空气的导热系数。分别用 MATLAB 进行计算,导入 ORIGIN 中。当孔隙率为 0 时,即材料内部没有孔洞时,材料为实心混凝土,其导热系数值就为混凝土材料的导热系数;随着孔隙率增加,混凝土的导热系数会呈非线性下降;而当材料孔隙率为 100% 时,即材料内部全部都是孔洞,模型则为 100mm×100mm 的空气。Zimmerman 通过材料组成成分比例得到复合材料的导热系数简化模型,该模型的计算结果与其他两种方法相差较大;COMSOL 软件模拟计算时考虑了材料密度和比热容,并且计算出的导热系数与 Campbell-Allen 模型吻合得很好。但从图 4.40 中可以发现,当孔隙率为 0~60% 时,COMSOL 软件计算得到的导热系数曲线是为一凹函数,这可能是因为孔洞的增多增加了传热路径,导致导热系数下降速度较慢;而当孔隙率增加至一定程度时(60%~100%),导热系数曲线为一凸函数,出现这一现象的原因可能是空气所占的比例逐渐增加,空气的导热系数远低于混凝土的导热系数,导致了复合材料的总导热系数下降逐渐变快。

4.5　本章小结

(1)冻融循环实验中泡沫混凝土泡孔破裂倒塌严重,板材开裂溃散,导致保温隔热性能下降。聚氨酯硬泡有较高的闭孔率,冻融循环过程中水分通过渗透致使聚氨酯硬泡表层泡孔开裂倒塌。真空绝热板在冻融循环实验中的变化不高,热工性能维持稳定。泡沫混凝土参与构造的两类复合材料,基材泡沫混凝土同样开裂严重,但采用复合构造的形式有利于维护保温隔热材料热工性能,使其不出现急剧下降。

(2)干湿循环对泡沫混凝土和聚氨酯硬泡两种材料的影响较大,两者的导热系数随干湿循环的进行上升明显。真空绝热板在干湿循环实验中的导热系数增长幅度极小,说明真空绝热板在长期干湿循环环境中仍能维持正常保温隔热性能。而复合构造的形式有利于降低干湿循环对材料组成、结构的破坏,维护材料的保温隔热性能。

(3)湿热环境中封闭的泡孔结构形成局部空洞和大片倒塌,保温隔热性能大大降低。泡沫混凝土和真空绝热板具有很好的耐湿热老化性能。复合构造的保温隔热材料性能介于两基材之间,复合构造有效缓和了湿热环境对聚氨酯硬泡的不利影响。

(4)多次高低温循环致使脆性材料泡沫混凝土和聚氨酯硬泡因温度变化延迟、膨胀不均匀发生孔壁开裂,进而影响热工性能。对于复合保温隔热材料,在高低温循环往复作用下,由于泡沫混凝土和黏结砂浆的热膨胀系数不匹配,复合体系泡沫混凝土一端表面出现裂纹,裂缝成为热流集中的地方,大大降低了材料的保温隔热性能。存在高低温循环的环境不适合采用黏结砂浆作为复合界面层。

(5)耦合多场作用下泡沫混凝土小孔径泡孔内冷凝水饱和,泡孔壁因冻融开裂,恒压应力加速微裂纹的扩展,随着耦合多场作用龄期增加,长度为 2~4cm 的裂裂纹数目增多,导热系数随时间逐渐提高。而对聚氨酯硬泡形貌测定后发现,聚氨酯硬泡表层的泡孔形成空洞及倒塌型泡孔。原封闭泡孔的破裂、倒塌和发泡剂气体的逸出导致聚氨酯硬泡在耦合多场作用期间导热系数值持续上升。真空绝热板因其特殊的组成构造,在温度场、湿度场及应力场作用下能维持结构性能的稳定,在模拟服役环境中表现出了良好的服役效果。复合构造的三类保温隔热材料在耦合多场长期作用下的热工性能介于两基材之间,说明复合保温隔热材料的性能取决于基材又高于基材,复合取得互补的优势,避免了因耦合多场作用下单一材料的性能急剧下降造成保温隔热材料的失效。因此,在严寒地区中屋面工程建议使用有机类保温隔热材料;而在夏热冬冷地区,则建议使用无机类保温隔热材料。

(6)对经典传热方程、湿传递方程及应力的变形协调方程进行分析,分别将传热与湿传递进行耦合、传热与热应力进行耦合。在初始值及边界条件给定的条件下,求出其数值解。通过模拟对比纯传热、热固耦合及热湿耦合(防水与不防水),得出荷载的存在对屋面系统传热过程影响不大。当屋面存在一定的相对湿度且防水层不被破坏时,湿度的存在会减缓传热过程,从而得出边界处相对湿度与热传递过程呈负相关趋势。当不考虑防水层的作用时,湿度的存在会迅速加快传热过程。

(7)基于 MATLAB 随机生成代码并结合 COMSOL 有限元软件,能够很好地描述出泡沫混凝土内部孔结构的分布情况,并有效进行网格划分得出导热系数的定性结果。

(8)COMSOL 有限元软件和导热系数理论计算公式吻合得较好,但理论计算得到的导热系数变化曲线为一凹函数,而 COMSOL 软件得到的导热系数变化曲线则是由凹函数与凸函数组成。出现这一差异是因为模拟过程中孔洞的出现导致传热路径发生变化,从而使导热系数变化率发生变化。

(9)由于计算机的限制,网格划分非常密集,当孔隙率为 80% 时,导热系数值无法模拟计算得出,并且材料不同组成成分的导热系数难以确定,书中仅能定性地给出一参考值。在未来的研究中,还需要进一步模拟孔洞内水分含量对导热系数的影响和发展理论计算公式,并结合图像识别技术对实际材料的孔隙率进行判定。

第5章
多场耦合作用下屋面保温系统的优化设计

建筑部品是由若干个建筑产品组成的、具有规定功能的独立单元,是建筑物的主要组成部分,是联系建筑材料与建筑物的桥梁[98]。朱亮亮[99]设计了建筑部品绿色智能化评价模块,通过计算机仿真实现了建筑部品评价指标模糊效用的信息智能化扩散。俞力航等[100]通过对上海地区坡屋面保温层的设计技术总结,提出了可供选用的多种保温材料的最小厚度。畅君文等[101]通过工程实例,探讨出现代钢筋混凝土坡屋面建筑的结构设计。潘江等[102]通过有限元方法对导热系数测量进行了数值模拟,得出模拟值与实验值较为吻合[102]。

本章通过已有屋面结构设计方案,结合 COMSOL 有限元软件进行仿真模拟,对装配式屋面部品结构进行优化。不同地区对保温隔热的需求可以采取不同的优化方案。

5.1 部品间拼接形式

在 3.0m×1.0m×0.1m 场地上分别通过完整部品(3.0m×1.0m×0.1m),如图 5.1(a)所示拼接;大部品构件(0.3m×1.0m×0.1m)如图 5.1(b)所示拼接;小部品构件(0.3m×0.5m×0.1m)如图 5.1(c)所示拼接。小部品构件拼接处用 3mm 聚氨酯喷涂,其基本参数见表 2.2。

同样,利用 COMSOL 软件进行三维瞬态热传导模拟:考虑屋面的夏季极端情况,将屋面温度初始值设置为 60℃,屋内温度初始值设为 20℃;考虑屋面的冬季极端情况,将屋面温度初始值设置为 −20℃,屋内温度初始值设为 20℃。取中间 a 点(1.5,0.5,0),将三种方案分别对 a 点温度进行求解,从而得到 a 点温度随时间的变化曲线,如图 5.2 所示。

从图 5.2 中可以看出,小部品构件互相拼接时,a 点的温度较其他两种方案要高。这是因为小部品互相拼接必然导致拼接缝较多,热桥数量增多,使热量流失较

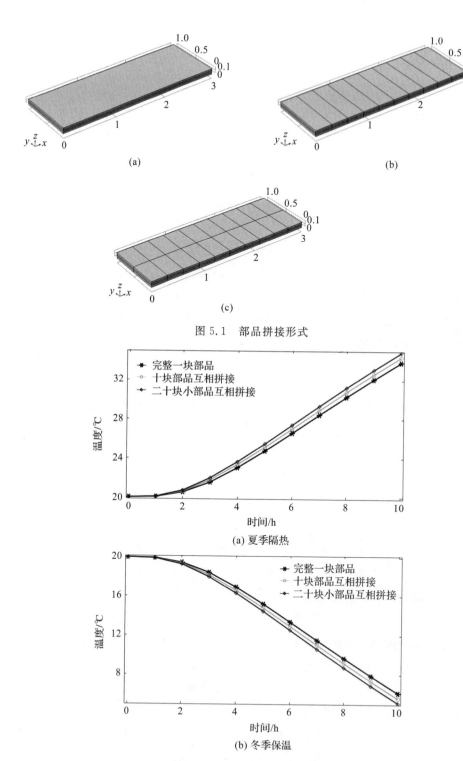

图 5.1　部品拼接形式

(a) 夏季隔热

(b) 冬季保温

图 5.2　部品不同拼接形式下 a 点处温度随时间的变化

快,因此这一方案不宜采用。完整一块部品没有热桥的存在,这在屋面保温隔热系统中是最佳方案,但由于其尺寸很大,会受到施工工艺及价格方面等的限制,因此这一方案也不宜采用。综合三种方案,利用大部品构件进行拼接的方案二是屋面保温隔热系统的最佳形式。

5.2　部品试样

选择上述方案二的屋面结构设计方案及部品试样,如图 5.3 和图 5.4 所示。两块真空绝热板上下搭接,其余空隙处用聚氨酯现浇喷涂。同时,为了方便切割,左右真空绝热板之间需要留有一定距离,即缝宽度。缝宽度过小会导致切割难度增大;缝宽度过大则会导致综合传热系数达不到要求。因此,需要对缝宽度这一变量进行模拟研究,以得到合适的尺寸;同时对部品的力学性能进一步地量化。

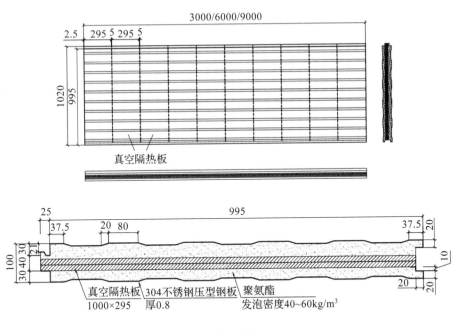

图 5.3　屋面板结构设计

5.2.1　缝宽度的确定

结合不同地区实际情况及消费水平,依据实际部品试样提出两种材料组合方案:

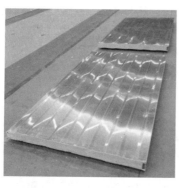

图 5.4　屋面板试样

方案一价格略微昂贵,但保温隔热性能较好(聚氨酯导热系数为 $0.015\mathrm{W/(m \cdot K)}$,真空绝热板导热系数为 $0.00669\mathrm{W/(m \cdot K)}$;方案二价格略微便宜,但保温隔热性能较差(聚氨酯导热系数为 $0.025\mathrm{W/(m \cdot K)}$,真空绝热板导热系数为 0.008 $\mathrm{W/(m \cdot K)}$。

　　结合导热系数测试仪工作原理,热板(即上层表面)温度设置为 $308.15\mathrm{K}$ $(35℃)$;冷板(即下层表面)温度设置为 $288.15\mathrm{K}(15℃)$;左右两边设置为开边界,如图 5.5 所示。

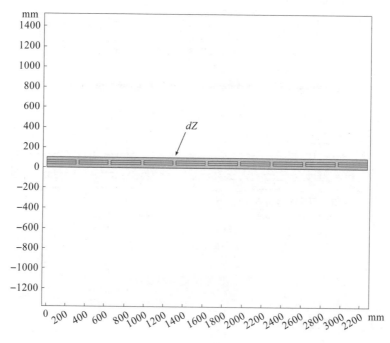

图 5.5　部品结构模型

结合 COMSOL 软件参数化扫描设置,将左右真空绝热板之间的距离(缝宽度)设置为 d_z,并将 d_z 的范围设定为 0～100mm。

根据 COMSOL 二维仿真方法,得到不同缝宽度时的热通量和温度梯度数值,并将数值结果导入 ORIGIN 进行图形处理,得到综合传热系数与缝宽度的关系,如图 5.6 所示。

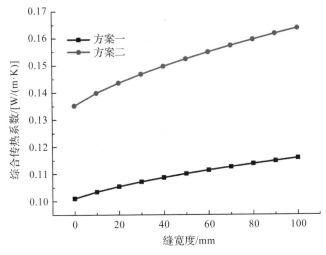

图 5.6　缝宽度与综合传热系数的关系

从图 5.6 可以得出,缝宽度与传热系数为一外凸函数的关系,从方案一和方案二可以看出,当缝宽小于 60mm 时,综合传热系数随缝宽增长较快;而当缝宽大于 60mm 时,综合传热系数随缝宽增长放缓。这是因为聚氨酯的导热系数约为真空绝热板导热系数的 3 倍,而缝宽度的增加会导致聚氨酯所占部品材料的比例增加,最终导致综合传热系数的增大。当缝宽度达到一定宽度时,综合传热系数增长变缓,可以认为是聚氨酯材料所占比例过大,真空绝热板的保温隔热效果可以忽略不计。

5.2.2　部品的力学性能

以方案一的部品试样进一步计算其力学性能,即应力及位移变化,其模型如图 5.7 所示。

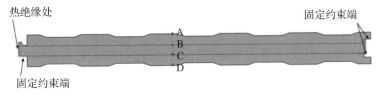

图 5.7　模拟部品试样

在传热过程中,分别计算出部品结构 A、B、C、D 四点处的应力变化情况及部品 A 点处的位移变化情况,如图 5.8 和图 5.9 所示。

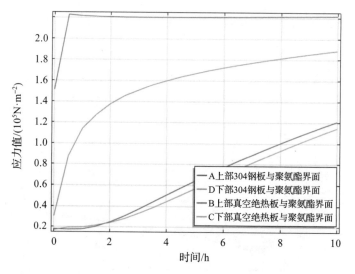

图 5.8 部品界面处的应力变化

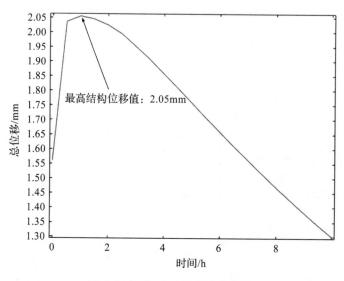

图 5.9 部品 A 点处的位移变化

如图 5.8 所示,在热传导过程中,钢材的内部应力很大,最大处在固定端,最高应力值为 $4.0 \times 10^8 \, \text{N/m}^2$;在部品不同材料界面处同样产生了较大的热应力,其中钢材与聚氨酯接触面应力值较为突出,为 $2.2 \times 10^5 \, \text{N/m}^2$。

　　如图 5.9 所示,热传导过程会使保温屋面部品结构产生较大的膨胀变形,变形最大时间为 1.5h,最大结构位移为 2.05mm。变形先增大后减小是因为部品结构最外层为导热系数很高的钢材,热量传导速度很快,导致在传热过程开始阶段钢材受热膨胀速度很快。随着热传导过程的持续,部品结构温度慢慢变得均匀,结构整体膨胀减小。

　　进一步考虑位移裂缝对部品热工性能的影响即结构是否变形对部品传热的影响,计算结果如图 5.10 所示。

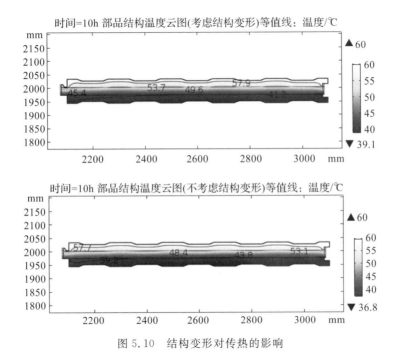

图 5.10　结构变形对传热的影响

　　从图 5.10 中可以看出,考虑结构变形时部品温度比不考虑结构变形时要高。这是因为当考虑结构变形时,材料可能会产生裂缝从而破坏结构形式,加快热传递的过程。

5.3　断热桥形式

　　从图 5.4 中可以看出,在屋面部品表面处需要用一块钢板将其包裹起来。一方面,钢板的存在可以有效保护部品构件,使其不会直接受到上部荷载的挤压而破坏;另一方面,钢板将部品包裹起来可以有效达到防水要求,材料不至于因为水的渗透而破坏。但钢板将整个部品包裹住,必然会增大热桥,因此急需找到一种断热桥的方法来避免热量的流失。

方法一通过构造措施,在钢板两侧挖直径为 0.05m 的小孔(间隔 0.3m),以减少热量通过的面积;方法二通过增加保温层的方法,在钢板两侧接触处喷涂一层保温材料(1mm 气凝胶),以此来隔断保温隔热系统的四周钢板与上下两侧钢板的连接,如图 5.11(a)和图 5.11(b)所示。

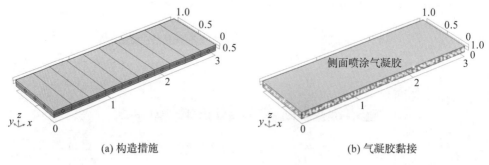

(a) 构造措施　　　　　　　　　　　(b) 气凝胶黏接

图 5.11　断热桥形式

分别通过模拟高温与严寒极端气候研究两种方案的传热影响,并增加原始方案作为对比。以 a 点(1.5m,0.5m,0)温度随时间的变化,将三种方案进行对比,如图 5.12(a)和图 5.12(b)所示。

从图 5.12(a)和图 5.12(b)中可以看出,在四周钢板进行挖孔这一构造措施对整体传热影响不大,一方面可能是因为孔尺寸过小、孔数量较少,导致传热面积所占的比例仍然较大;另一方面可能是因为在传热过程中热量的传热路径没有发生明显改变,导致与原始方案传热状态接近。

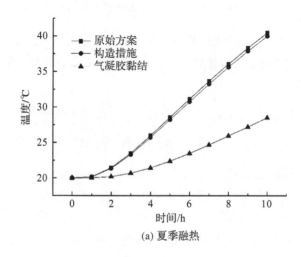

(a) 夏季融热

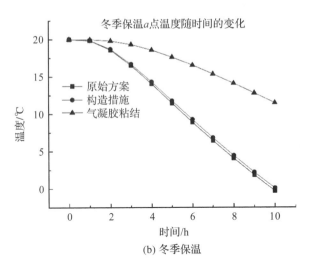

图 5.12　不同断热桥方法下 a 点处温度随时间的变化

　　而相反,通过粘贴 1mm 的气凝胶可以有效地隔断上下两面钢板与四周钢板的连接,从而明显地提高保温隔热性能。这是因为气凝胶这一类保温材料的导热系数、密度及比热容都很低,在传热过程中可以近似地认为屋面系统四周为热绝缘,热传递按照理想的状态由上往下进行传递。

5.4　射频识别技术在保温系统中应用前景

　　射频识别(RFID)技术是一种新型的无线射频物联网技术,将其贴至物件表面可测定物件的物理参数的变化,以此得出物件的可使用性。不同湿度条件下材料具有不同的电磁性能,材料中含水会显著增加射频波的衰减,当射频波的频率较高时,该特性更为显著。本书结合 RFID 在混凝土放热中的运用,得出了倾斜入射波的偏振特性,并将电场分为垂直电场和平行电场两部分来分开讨论。

$$T_u = \frac{2\eta_1\cos\theta_i}{\eta_0\cos\theta_i + \eta_1\cos\theta_t} \tag{5.1}$$

$$T_\perp = \frac{2\eta_1\cos\theta_i}{\eta_1\cos\theta_i + \eta_0\cos\theta_t} \tag{5.2}$$

式中,θ_i 为入射角,θ_t 为传输角。

　　倾斜入射时的传输损耗、传播损耗和总损耗的值计算如下:

$$\alpha_{\text{total}_{\parallel}} = 10 \times \log\left(\frac{P_{t_u}}{P_{\text{in}}}\right) \tag{5.3}$$

$$\alpha_{\text{total}_\perp} = 10 \times \log\left(\frac{P_{\text{t}_\perp}}{P_{\text{in}}}\right) \tag{5.4}$$

$$\alpha_{\text{total}} = \sqrt{\alpha_{\text{total}_\parallel}^2 + \alpha_{\text{total}_\perp}^2} \tag{5.5}$$

结合长沙远大提供的屋面部品,如图 5.13(a)所示,在每个部品表面安装 RFID 传感器,并监测其物理参数的变化,如图 5.13(b)所示。

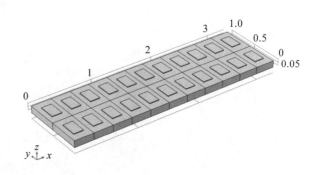

图 5.13　工程与应用

在每个部品上安装 RFID 传感器后,通过温度和湿度等参数的变化来判定装配式屋面小部品的性能优劣,流程如图 5.14 所示。当某小部品的参数发生较大的变化时,可以随时进行更换来实现屋面系统可持续性实时监测。

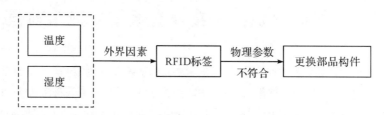

图 5.14　RFID 流程

5.5　本章小结

(1)部品间的拼接应选择拼接缝较少的形式,这样才能有效减少热桥的影响。同时应考虑当下的施工工艺及消费能力,在满足综合传热系数的条件下,选择合适的拼接形式。

(2)随着相邻真空绝热板距离(热桥)增加,总热通量也会增加,这将导致温度场分布发生变化(温度梯度也随之变化)。整体上,综合传热系数与缝隙宽度的增加呈线性增长趋势,缝宽<60mm 时,综合传热系数随缝宽增长较快,缝宽>60mm 时,综合传热系数随缝宽增长放缓,但未见明显拐点。因此,建议在满足加工和使用要求时,尽可能降低真空绝热板之间缝隙宽度。

(3)部品结构在热传导过程中,由于温度不均,304 钢板会产生较大的结构自应力,304 钢板与聚氨酯界面处的应力值较为突出,在长期使用过程中有可能会对聚氨酯材料产生破坏性影响;由于部品结构受热不均,结构会产生较大上拱形式的变形,建议在部品结构底部增加固定约束;同时,结构变形的产生导致了对流传热现象的出现,减弱了部品结构热工性能。

(4)部品拼接缝处往往产生较多的热桥,因此断热桥措施显得尤为重要。通过构造措施可以减少热传递通过的面积,但容易导致应力集中、承载能力下降等危害,同时,仿真结果显示该措施的效果并不明显。而在不破坏材料及结构本身的条件下,粘贴一层较好的保温材料能够有效达到断热桥的目的,使传热路径按照理想状态进行。

(5)屋面系统会分别受到温度、湿度和荷载等因素的影响,使得保温材料发生破裂和老化等不良情况。结合 RFID 技术能够对屋面系统进行实时监测。结合课题与工程的需要,需研发设计出一种保温、遮阳和通风智能一体化的屋面系统。

第 6 章
脱硫石膏灌芯墙水分传递规律

在纸面石膏板隔墙中灌入脱硫石膏浆体可形成脱硫石膏灌芯墙,这样既可以高效利用低品质脱硫石膏,又可以有效解决空心隔墙的隔音问题,但脱硫石膏灌芯墙水分传递特性尚不清楚,无法有效预测并控制灌芯墙的施工进度。因此,需要对其水分传输规律进行脱硫研究。本章首先通过实验确定了脱硫石膏灌芯墙在不同相对湿度下的蒸发特性,同时引入多孔材料蒸发模型进行简化和验证。结果表明,脱硫石膏灌芯墙的蒸发速率随环境相对湿度的降低呈现非线性增加特性;简化后的 Hertz-Knudsen-Langmuir(HKL)蒸发模型仅可在较高湿度范围内(≥55%)对脱硫石膏灌芯墙的蒸发速率进行可靠预测,而简化后的 Statistics-Rate-Theory(SRT)模型能够在几乎全湿度范围内准确预测脱硫石膏灌芯墙的蒸发速率,同时减少试验测定系数,易于在实际工程中根据环境湿度预测和控制脱硫石膏灌芯墙的施工进度。

通过采用不同厚度的脱硫石膏浆样品、加入不同的珍珠岩掺量、改变环境相对湿度的大小、覆盖纸面石膏板等方式对石膏浆体干燥蒸发过程进行实验比较分析。实验结果表明,脱硫石膏浆体的干燥时间与其厚度呈现非线性增长关系,珍珠岩掺量多少对脱硫石膏浆体干燥行为影响较小;环境相对湿度的增加显著延长了石膏浆体的干燥时间,环境相对湿度从 55%RH 增加到 75%RH 时,脱硫石膏浆体完全干燥时间延长了近 1 倍;纸面石膏板的覆盖在高环境相对湿度(75%RH)下对脱硫石膏的干燥时间影响较小,但在低环境相对湿度(55%RH)下使其干燥时间急剧延长,可达 2 倍。

6.1　水分传递规律的模拟与验证

在纸面石膏板干墙系统中灌入脱硫石膏浆体形成脱硫石膏灌芯墙,一方面,可以大量消耗低品质烟气脱硫石膏,从而推进建筑绿色化;另一方面,又可以有效解决石膏板隔墙的空鼓和隔音问题,因而已在工程实践中得到尝试。但如果脱硫石膏浆体的干燥时间过长,则会严重影响施工进度,因此确定不同环境湿度下脱硫石膏灌芯墙的干燥时间和干燥预测模型对控制施工进度具有重要意义。脱硫石膏浆体的干燥,本质上是内部水分传递的过程[103],其传递特点可根据平均自由程度判断为毛细扩散。针对这种扩散形式,目前运用最多的是 Luikov 唯象理论[104-105] 和 Whitaker 体积平均理论[106-107],但前者控制方程的唯象系数很难查找,因而缺乏实践可操作性,而后者的控制方程由于呈高度的非线性,同样不易求解和应用。为此,苏向辉[108]建立了相对比较简单的水蒸气迁移量公式用于模拟多孔材料的水分传输,但在实际使用中,如果多孔材料内部的湿度波动较大,则数值模拟的结果将存在明显误差,因而不能真实反映其材料内部的水分传输情况。韩玮[109]针对石膏浆体多孔材料建立了石膏干燥模型,并使用 ANSYS 软件进行仿真,但由于其未能考虑水分的散失过程,仿真结果同样存在较大误差,因此需要重新建立更加科学的水分传输模型。已有研究者利用热力学平衡及分子动力学理论推导出的 HKL 理论模型,认为其对在毛细压力下的水分扩散传输能够进行较好的模拟和预测[110-112],除此之外,根据统计热力学理论推导出来的 SRT 模型在水分传递过程模拟中也同样表现不俗[113-115]。但这两种模型在微观尺度上考虑的因素繁多,因而需要确定的待定系数繁多,给使用带来了诸多不便。鉴于此,本书通过合理的假设,对 HKL 和 SRT 模型进行有效简化,并结合实验数据对两种模型简化前后的预测准确性进行对比验证,以期得到一个可用于石膏浆体干燥时间预测的简化模型。

6.1.1　材料与方法

脱硫石膏为常州某厂生产的脱硫石膏粉;石膏板为上海某厂生产的 9.5mm 标准纸面石膏板,其面密度为 6.8kg/m²;拌和水为自来水;实验室温度为恒温 20℃。

脱硫石膏浆的水固比为 0.55,以保证石膏浆能够具有足够的流动性。本书为简化实验,仅考虑工程中常用的 100mm 厚石膏板隔墙,考虑到实际环境中隔墙干燥过程具有对称性,因此试验中仅测试一个方向的水分传递,并扣除石膏板厚度 9.5mm,确定石膏浆体厚度为 40mm。本书采用内径为 75mm 的塑料圆杯为模具,通过浇筑浆体重量控制浆体厚度为 40mm,一次浇筑 6 个平行样品,浇筑结束使用裁剪好的石膏板紧密覆盖,并在石膏板与塑料杯接缝处使用硅酮密封胶封闭(见图 6.1),随后立即放入恒温恒湿箱。

实验参数的确定如下。

(1)相对湿度的选择

选择三种环境相对湿度,分别为 94%、55%和 33%,其覆盖了大部分真实室内外环境湿度。

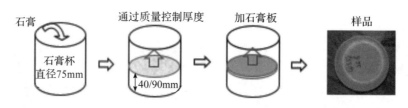

图 6.1　样品制作

（2）测试时间的间隔

由于蒸发速率呈先快后慢的趋势,于是时间间隔采取先短后长的次序。因此,石膏干燥测试间隔时间分别为 1h、2h、4h 和 8h,8h 之后一律设定为 24h 测试一次。

实验方案如下。

为保证湿度恒定,在恒温(20℃)房间内制备多种饱和盐溶液并分别装入密封箱(400mm×300mm×200mm),形成恒温恒湿箱。每个恒温恒湿箱内装载 6 个平行样品,达到间隔时间后取出并进行测重,如表 6.1 所示。对实测数据进行处理得到表 6.2。

表 6.1　不同相对湿度下石膏质量随时间变化

相对湿度/ %RH	不同时间下的石膏质量/g								
	杯重	0	2	4	8	24	48	96	192
33	37.9	294.3	285.9	285	284.8	284.6	284.9	284.9	—
55	21.4	284.4	280.6	278.9	275.3	260.9	242.2	223.1	218.3
94	33.6	323.5	321.5	321	320.6	320.5	320.2	319.8	318.9

表 6.2　质量蒸发率的计算

方案	样品厚度/ mm	相对湿度/ %RH	饱和盐 (20℃)	蒸发率	消耗质量/ g	质量蒸发率(样本 方差)/(g·h⁻¹)
L-40	40	33	氯化镁	0.0414	59.56172	2.466(0.017)
M-40	40	55	硝酸镁	0.0147	62.58549	0.920(0.089)
H-40	40	94	硝酸钾	0.0005	67.64963	0.033(0.006)

注:干燥过程中的蒸发率分别通过下列方法进行计算:先根据自由水含量推算得出 $W_{\text{free}(t)} = W_t - W_c - W_{hs}$;然后,根据不同时间的自由水含量进行线性拟合,得到无量纲的蒸发率;最后,将无量纲的蒸发率乘以 W_{hs} 得到质量蒸发率。其中,$W_{\text{free}(t)}$ 为 t 时刻的自由水含量;W_t 为 t 时刻的总质量;W_c 为杯子质量;W_{hs} 为水化过程中的消耗质量,即 $W_{hs} = 0.7677(W_{t0} - W_c)$;按上式得出自由水含量,进而得出石膏浆体质量蒸发率随相对湿度的变化趋势。

6.1.2 模型的选择与验证

为减少实验次数并确定石膏浆体蒸发速率随湿度变化的规律,下面寻找其关系模型。本书分别模拟石膏浆体在相对环境湿度为 33%、55% 和 94% 时的蒸发速率。本节依次选择 HKL 模型及其简化模型和 SRT 模型及其简化模型分别与实验结果进行对比,并进一步补充实验数据进行对比验证。

HKL 模型依据气体分子的蒸发冷凝过程而建立,对于多孔介质的水分传输过程,由分子动力学假设气液界面为平面,并且考虑到气液两相介质密度的巨大差异,认为离开相界面的分子是近似静止的,但去往相界面的分子具有一宏观的速度[116]。

当蒸发进入动态平衡过程,即气→液与液→气中分子数相等时,可得出 HKL 蒸发模型,即单位时间内的蒸发速率为:

$$\frac{\mathrm{d}N}{\mathrm{d}t} = A \frac{1}{\sqrt{2\pi MR}} \left(\alpha_v \frac{P_{sat}(T_1)}{\sqrt{T_1}} - \alpha_c \frac{P_v}{\sqrt{T_v}} \right) \tag{6.1}$$

式中,N 为蒸发分子(原子)数;A 为蒸发表面积,$A = 4.41786\mathrm{m}^2$;t 为时间;R 为普适气体恒量,$R = 8.31\mathrm{J/kmol}$;M 为摩尔质量,$M = 18\mathrm{g/mol}$;P_{sat} 为饱和蒸气压,$P_{sat} = 2487.4\mathrm{Pa}$;$P_v$ 为气体中的蒸汽压;α_v 为蒸发系数[117],$\alpha_v = 0.12324$;α_c 为凝结系数[117],$\alpha_c = 0.129372$;T_v、T_1 分别为在表面处的水蒸气和液态水的温度。

由此可见,HKL 模型既需要测定凝结系数和蒸发系数,还需要测定 T_V 和 T_l,明显增加了实验难度。

由于石膏浆体在环境中的蒸发为慢蒸发,液体表面温度和水蒸气的温度相差不大[118],因此,可假定液体表面温度与水蒸气温度相等:

$$\frac{\mathrm{d}N}{\mathrm{d}t} = A \frac{1}{\sqrt{2\pi MRT}} (\alpha_v P_{sat}(T) - \alpha_c P_v) \tag{6.2}$$

令 $C_1 = \frac{\alpha_v}{\sqrt{2\pi MR}}$;$C_2 = \frac{\alpha_c}{\sqrt{2\pi MR}}$

变形得:

$$\frac{\mathrm{d}N}{\mathrm{d}t} = \frac{A}{\sqrt{T}} (C_1 P_{sat}(T) - C_2 P_v) \tag{6.3}$$

代入实验测得的蒸发系数、凝结系数和已有的数据得:

$$C_1 = 4.02 \times 10^{-3} (\mathrm{J \cdot g/K^{1/2}}), C_2 = 4.22 \times 10^{-3} (\mathrm{J \cdot g/K^{1/2}})$$

由上可知,C_1 与 C_2 两者相差 ≤5%,可近似认为相等,于是进一步简化 $\left(RH = \frac{P_v}{P_{sat}(T)} \right)$ 得:

$$\frac{\mathrm{d}N}{\mathrm{d}t} = \frac{AC_1}{\sqrt{T}} P_{\mathrm{sat}}(T)(1-RH) \tag{6.4}$$

将公式(6.4)与实验结果进行对比验证,得图 6.2。

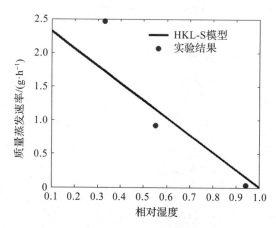

图 6.2 HKL-S 模型与实验数据的对比

从图 6.2 中发现,环境相对湿度为 55% 和 94% 时,HKL-S 模型的预测值与实验结果与较为吻合;但在相对湿度为 33% 时,模型预测值较实验结果明显偏小。推测质量蒸发速率会随环境相对湿度的降低而逐渐加快,即蒸发速率随环境相对湿度降低呈现非线性增加。因此,需要进一步补充极低相对湿度(11%)和相对湿度为 55% 与 94% 的中间值(75%)的实验来验证推测,于是得出图 6.3。

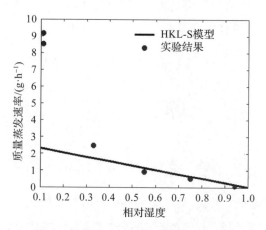

图 6.3 HKL-S 模型验证补充实验数据

从图 6.3 可以看出,图中圆点排布呈现明显的非线性,这验证了质量蒸发速率随环境相对湿度降低呈现非线性增加的推测。具体而言,在正常环境相对湿度的情况下(大于等于 55%RH),HKL-S 模型模拟得较好。但在低湿度环境下,随着环境湿度的降低,HKL 模型逐渐偏离实验数据,即环境相对湿度越低,HKL 模型偏离度越大。偏差的出现可能是因为该模型未考虑表面张力和电分配函数的影响。因此,根据所存在的问题,进一步选择合适的模型进行模拟。

根据上面可能出现的问题,考虑表面张力和电分配函数的影响,同时分别根据玻尔兹曼统计和奥本海默的近似值两种方法来建立化学势方程(熵的变化),即 SRT 模型[116]。

利用统计率理论,同时考虑进入和流出系统的气液两相界面的蒸发质量流率与凝结质量流率,则净质量流率为:

$$J = A \frac{X P_{sat}(T_1)}{\sqrt{2\pi mk}} \left[\exp\left(\frac{\Delta S}{k}\right) - \exp\left(\frac{-\Delta S}{k}\right) \right] \tag{6.5}$$

式中,θ_i 为分子振动特征温度,分别取 2290/K、5160/K 和 5360/K;n 为分子振动自由度,$n=3$;ΔS 为熵的变化;X 为系数,$X = 4.358 \times 10^{-27}$;$k$ 为玻耳兹曼常数,$k = 1.38 \times 10^{-23}$ J/K;m 为水分子质量,$m = 3 \times 10^{-26}$ kg;

其中,

$$\Delta S = k \left\{ 4\left(1 - \frac{T_V}{T_1}\right) + \left(\frac{1}{T_V} - \frac{1}{T_L}\right) \sum_{i=1}^{3} \left[\frac{\theta_i}{2} + \frac{\theta_i}{\exp\left(\frac{\theta_i}{T_V}\right) - 1} \right] \right.$$
$$\left. + \frac{mV_{sat}}{kT_1}\left[P_V + \frac{2\gamma}{R} - P_{sat}(T_1) \right] + \ln\left[\left(\frac{T_V}{T_1}\right)^4 \frac{P_{sat}(T_1)}{P_V} \right] + \ln\left[\frac{q_{vib}(T_V)}{q_{vib}(T_1)} \right] \right\}$$

但该模型的数学表达式非常复杂,首先需要通过迭代法进行求解平衡状态下界面附近液相的压力,然后需要通过一定量的实验及迭代法来确定模型中的系数,在使用过程中,该模型时还是显得较为麻烦。因此需要根据实际情况进行简化。

令
$$B_1 = \frac{X P_{sat}(T_1)}{\sqrt{2\pi mk}}; B_2 = \frac{mV_{sat}}{kT_1}$$

$$B_3 = 4\left(1 - \frac{T_V}{T_1}\right) + \left(\frac{1}{T_V} - \frac{1}{T_L}\right) \sum_{i=1}^{3} \left[\frac{\theta_i}{2} + \frac{\theta_i}{\exp\left(\frac{\theta_i}{T_V}\right) - 1} \right]$$
$$+ \frac{mV_{sat}}{kT_1}\left(\frac{2\gamma}{R} - 1\right) + \ln\left[\frac{q_{vib}(T_V)}{q_{vib}(T_1)} \right] + 4\ln\frac{T_V}{T_1}$$

则公式(6.5)变为:

$$\frac{dN}{dt} = AB_1 \sinh(B_2 RH - \ln RH + B_3) \tag{6.6}$$

式中,$B_2 = \frac{mV_{sat}}{kT_l} \ll 1$,则公式(6.6)可简化为:

$$\frac{\mathrm{d}N}{\mathrm{d}t} = AB_1 \sinh(B_3 - \ln RH) \tag{6.7}$$

代入实验数据得 $B_1 = 0.392 \mathrm{kg/(s \cdot m^2)}$,$B_3 = -0.04292 \mathrm{kg/(s \cdot m^2)}$

将公式 6.7 与所有实验结果进行对比验证,得到图 6.4。

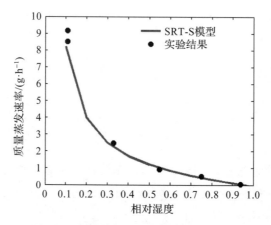

图 6.4　SRT 模型与实验数据的对比验证

由图 6.4 可知,SRT-S 模型与五个相对湿度的实验结果高度吻合,验证了 HKL 模型在低湿度区间与试验值产生偏差是因为未考虑表面张力和电分配函数的缘故。同时,可以看出在几乎整个环境相对湿度区间(10％RH～94％RH)内,SRT-S 模型的预测值都可适用,而且简化后的 SRT-S 模型计算更加简单、方便。这一模型可以为几乎所有地区脱硫石膏灌芯墙的施工进度控制提供准确的预测。

6.2　脱硫石膏灌芯墙干燥时间影响因素分析

脱硫石膏作为一种新型的绿色建筑材料,正被广泛推广与应用[119]。在纸面石膏板隔墙中灌入脱硫石膏浆体形成的石膏灌芯墙,既可以高效利用脱硫石膏,又可以有效解决空心隔墙的空敲和隔音问题,因此渐受重视[120-121]。但在干墙系统中,注入的脱硫石膏浆体会因其需要干燥而直接影响灌芯墙的施工进度,因此需进一步了解石膏完全干燥的时间。康燕等[122-123]以微波炉作为干燥设备,得出石膏型试样的干燥时间随着温度的增高而逐渐缩短,并且与填料(石英和铝矾土)的选择无关。赵忠兴等[124-125]同样以微波炉为干燥设备,得出随着石膏当量厚度的增加,石膏失水速度加快。但采用微波炉作为干燥设备,会导致施工过程中成本加大且不方便使用[126]。目前,对于影响石膏干燥过程的论文也较少,因此,本书通过实验模拟自然环境下的相对湿度来确定石膏的干燥时间,并通过实验结果来判断石膏厚度、珍珠岩的掺量、相对湿度、石膏板等是否会对石膏干燥过程产生重要的影响。结果可为施工提供一个合理的依据。

6.2.1　厚度的影响

在无珍珠岩掺入和纸面石膏板覆盖时,测量环境相对湿度分别为 55% 和 75% 两种情况下石膏浆体样品的干燥时间,实验分别选择三种厚度(15mm、40mm、90mm)进行对比,实验结果见表 6.3。

表 6.3　石膏浆体样品的厚度与干燥时间的关系

相对湿度/ %RH	干燥时间/h		
	15mm	40mm	90mm
55	96	192	840
75	96	384	1128

从表 6.3 中可以看出,在较高环境相对湿度(75%RH)下 15mm、40mm 和 90mm 厚脱硫石膏浆样品分别在 96h、384h、1128h 后完全干燥。可见,随着脱硫石膏浆样品厚度的增加,干燥时间也在增加,而且厚度与干燥时间呈非线性关系。当环境湿度降低至 55%RH 时,这一非线性关系更加明显。

从上述关系中可以得到,在环境相对湿度为 75%RH 时,脱硫石膏厚度从 15mm 增加到了 90mm,导致其干燥时间从少于 4d 突增至 41d,可见工程中增加石膏灌芯墙的厚度将会大幅延长脱硫石膏干燥时间,不利于控制施工进度。因此,建议在实际施工过程采用 100mm 厚石膏灌芯墙。

6.2.2　珍珠岩的影响

在无纸面石膏板覆盖,环境相对湿度为 75% 时,测量脱硫石膏厚度分别为 40mm 和 90mm 两种情况下石膏浆体样品的干燥时间,实验分别选择三种剂量的珍珠岩(0、$1/4500m^3 \cdot kg^{-1}$、$1/2250m^3 \cdot kg^{-1}$)进行对比,实验结果见表 6.4。

表 6.4　石膏浆样品的珍珠岩掺量与干燥时间的关系

珍珠岩掺量/ ($m^3 \cdot kg^{-1}$)	干燥时间/h	
	40mm	90mm
0	384	1128
1/4500	552	1128
1/2250	552	1152

从表 6.4 中可以看出,对于 40mm 厚的脱硫石膏,珍珠岩掺量从 $0\sim1/4500\mathrm{m^3}\cdot$ $\mathrm{kg^{-1}}$ 的过程中,干燥时间略微增加,但影响不大,但珍珠岩掺量从 $(0\sim1/4500)\sim$ $(0\sim1/2250)\mathrm{m^3}\cdot\mathrm{kg^{-1}}$ 的过程中,干燥时间几乎没有变化。同样,对于 90mm 厚的脱硫石膏,珍珠岩掺量的变化对干燥时间没有影响。

从上述关系中可以得到,干燥时间并不会随着珍珠岩剂量的增加而发生明显变化。考虑由于会增加施工预算成本,所以不建议在脱硫石膏灌芯墙中添加珍珠岩。

6.2.3 环境相对湿度的影响

在无珍珠岩掺入和纸面石膏板覆盖时,测量脱硫石膏厚度分别为 40mm 和 90mm 两种情况下石膏浆体样品的干燥时间,实验分别选择两种环境相对湿度 (55%RH、75%RH)进行对比,实验结果见表 6.5。

表 6.5 环境相对湿度与干燥时间的关系

相对湿度/%RH	干燥时间/h	
	40mm	90mm
55	192	840
75	384	1128

从表 6.5 中可以看出,相对环境湿度为 55% 和 75% 下的 40mm 厚脱硫石膏分别在 192h 和 384h 后完全干燥;而 90mm 厚脱硫石膏则分别在 840h 和 984h 后完全干燥。

从上述关系可以得到,当环境相对湿度从 75% 减少到 55% 时,脱硫石膏的干燥速率能够明显提高,干燥时间可从 16d 减少到 8d。因此,环境相对湿度的下降能够明显减少石膏干燥所需的时间,所以此类型的填充墙更适用于相对湿度较低的地区。

6.2.4 石膏板的影响

在无珍珠岩掺入,脱硫石膏样品厚度为 40mm,在环境相对湿度分别为 55% 和 75% 两种情况下比较石膏浆体样品的干燥时间,实验分别选择有石膏板覆盖和无石膏板覆盖进行对比,实验结果见表 6.6。

表 6.6 石膏板覆盖与干燥时间的关系

相对湿度/%RH	干燥时间/h	
	有石膏板覆盖	无石膏板覆盖
55	480	192
75	576	384

从表 6.6 中可以看出,在低相对湿度下,有石膏板覆盖的脱硫石膏完全干燥时间比没有石膏板覆盖的脱硫石膏完全干燥时间要长许多;而在高相对湿度下,有无石膏板覆盖对脱硫石膏干燥时间的影响较小。

从上述关系可以得出,没有石膏板覆盖的脱硫石膏对环境相对湿度的敏感度较高,干燥时间差异较大;而有石膏板覆盖的脱硫石膏则对环境相对湿度敏感度较低,无论低湿度还是高湿度,完全干燥时间相差不大。因此,在施工过程中对脱硫石膏进行石膏板覆盖可以不考虑环境相对湿度的影响。

6.3　高湿环境下可溶盐对脱硫石膏板变形的影响

脱硫石膏作为火力发电厂的副产物,其产量随着我国烟气脱硫装置的大规模应用而与日俱增。据统计,2014 年脱硫石膏年产量约为 7550 万吨[127]。我国第十三个五年发展规划中明确提出要加快废物资源的循环利用,因此,脱硫石膏具有巨大的利用前景。目前,脱硫石膏主要应用于砌块和纸面石膏板生产。脱硫石膏生产的特殊性使其有较高含量的可溶盐,因而其制品中的可溶盐含量也相应较高,这可能影响脱硫石膏制品的使用性能。在我国南部和东南沿海地区的雨季,常有吊顶石膏板发生较大下垂变形的报道,初步调查原因为石膏板材使用了脱硫石膏,其内部较高含量的可溶盐导致了其板材制品在较高空气湿度下因吸湿而变形。目前,国内脱硫石膏中的可溶盐以钠、钾、镁的硫酸盐或氯化物组成的可溶性盐等杂质为主[128]。因此,已有国内学者对此进行了实验研究。魏超平[129]研究了普通纸面石膏板、耐水纸面石膏板等不同石膏板的吸湿变形行为,发现高湿环境下,石膏板下垂挠度随时间的推移而不断加大,但是没有对导致纸面石膏板挠度过大这一行为的根本原因进行深入讨论。丁秋霞等[130]通过对比脱硫石膏中 Na_2O 和 K_2O 的含量,得出 Na^+ 含量偏高是导致高湿环境下石膏板吸湿下垂的主要原因之一,但是其研究仅对比了 Na^+ 和 K^+ 离子的含量,尚未考虑其他可溶盐离子及其组合作用的影响。因此,有必要深入、全面地探究高湿环境下脱硫石膏板吸湿下垂的影响因素及其显著性。

当前,对影响因素显著性研究的最可靠工具莫过于实验设计分析法(DOE),它是一门以数学建模统计学理论和计算机辅助建模为基础,基于模型优化的前沿学科[131]。将其运用在建筑材料的实验当中可有效提高实验质量、精简实验次数。同时,在实验结果分析方面可以避免分析人员的直观误判,从而提高分析结果的可靠性。

因此,本书拟在前人研究基础上,通过实验设计分析法对脱硫石膏板吸湿下垂挠度过大这一现象进行相关实验设计和实验结果分析,探究不同种类、不同含量和不同组合的可溶盐对石膏板吸湿下垂挠度过大的影响,并分析其影响因素的显著性。

6.3.1　实验设计

脱硫石膏采用上海某电厂所生产的杂质极少的高品质脱硫石膏,其主要化学成分为 $CaSO_4 \cdot 2H_2O$,相应各可溶盐离子含量如表 6.7 所示。

表 6.7　脱硫石膏离子含量表

单位:mg/kg

样品	Na⁺	K⁺	Mg²⁺	Cl⁻
1	22.6	7.6	42.9	17.2
2	23.4	17.6	43.8	18.6

实验条件:温度控制在 20℃;水膏比设定为 0.7;采用去离子水。

可溶盐添加物分别为 $MgSO_4$、$NaSO_4$、K_2SO_4 和 $CaCl_2 \cdot 2H_2O$,采用国药集团所提供的分析纯(AR)化学试剂。

①将原材料按照《建筑石膏》(GB/T 9766—2008)标准制备成脱硫石膏砌块,制备过程中按照实验设定加入不同含量的可溶盐;②将其按照 320mm×40mm×10mm 的尺寸切割,每四个为一组,平行放置在实验箱内;③在实验箱内部水槽中放置提前配好的饱和 Na_2CO_3 溶液,保证实验箱内部温度为 20℃,相对湿度为 90%;④在石膏板中间部位放置 500g 负重物;⑤在负重物上方安装激光位移计,将初始位移清零后开始实验。

实验过程中实时检测实验箱内部湿度和温度,以便实验结束后分辨和处理异常数据。完整实验装置如图 6.5 所示。

图 6.5　石膏下垂挠度实验箱

6.3.2　基于 DOE 的实验设计

利用 DOE 设计不同可溶盐组合下的石膏板吸湿下垂实验,分析高湿环境下不同可溶盐离子的组合对石膏板吸湿下垂所造成的影响,进而判定影响下垂挠度的显著因子,DOE 的具体流程如图 6.6 所示。

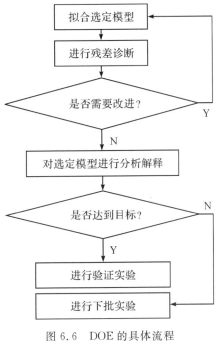

图 6.6　DOE 的具体流程

根据实际情况,实验采用全因子实验设计。严格贯彻实验设计中的三个基本原则:完全重复实验、随机化和划分区组。以四种盐离子为基础,设定实验因子数 $k=4$,因此可以得出实验组数 $2^k=2^4=16$。

同时考虑实际生产中脱硫石膏中 Mg^{2+} 的含量较高,因此设定实验中 Mg^{2+} 含量为其他因子的 2 倍。利用 MINITAB 软件中的全因子实验设计制订实验计划,得到相实验分组、实验次序和实验结果,如表 6.8 所示。

分析模型的有效与否决定了 DOE 的准确程度。采用 P 值比较法检验模型的有效性,即分析模型中主效应(挠度)P 值>0.10(90%的保证率),就说明本分析模型无法拒绝原假设,可判定模型无效。

利用 MINITAB 软件中的 ANOVA 表可查得本实验所建立分析模型的主效应 P 值为 0.021,证明分析的回归效果明显,模型有效。

表 6.8 全因子实验计划和结果

序号	次序	Cl⁻ /(mg·kg⁻¹)	K⁺ /(mg·kg⁻¹)	Mg²⁺ /(mg·kg⁻¹)	Na⁺ /(mg·kg⁻¹)	Y1/mm	Y2/mm	Y3/mm	Y4/mm	均值/mm
1	11	0	0	0	0	−0.54	−0.52	−0.31	−0.36	−0.46
2	12	0	0	0	500	−0.94	−0.88	−0.96	−0.98	−0.94
3	10	0	0	1000	0	−1.72	−1.96	−2.12	—	−1.93
4	12	0	0	1000	500	−2.76	−2.77	−2.22	−2.52	−2.57
5	5	0	500	0	0	−0.40	−0.46	—	—	−0.43
6	13	0	500	0	500	−0.54	−0.70	−0.55	—	−0.60
7	14	0	500	1000	0	−0.58	−0.65	−0.56	−0.63	−0.60
8	6	0	500	1000	500	−0.62	−0.73	−0.70	−0.65	−0.68
9	3	500	0	0	0	−0.88	−0.84	−0.91	−1.13	−0.94
10	7	500	0	0	500	−1.60	−1.28	−1.50	−1.32	−1.43
11	1	500	0	1000	0	−1.59	−1.29	−1.34	—	−1.40
12	16	500	0	1000	500	−2.76	−3.09	—	—	−2.92
13	9	500	500	0	0	−1.01	−0.99	−0.99	−0.96	−0.99
14	8	500	500	0	500	−0.81	−0.80	−0.79	−0.87	−0.82
15	4	500	500	1000	0	−0.68	−0.60	−0.63	−0.69	−0.65
16	15	500	500	1000	500	−0.64	−0.87	−0.86	−0.83	−0.80

注:表中"—"数据是由实验过程中失效样本所致。

利用 MINITAB 软件画出分析模型的残差图,并进行分析验证模型的精确性,结果如图 6.7 所示。

图 6.7(a)为正态概率图,表明了本模型的残差值符合正态分布;图 6.7(c)为直方图,提供了辅助检查残差大致的分布情况;图 6.7(b)为拟合值图证明,本例残差是等方差的,拟合效果良好;图 6.7(d)为观测顺序图,可以看出本模型的残差值随机地在水平轴上下无规则地波动,表明残差值间是相互独立的。由此可以得到模型与数据拟合良好,有较高的精确性。

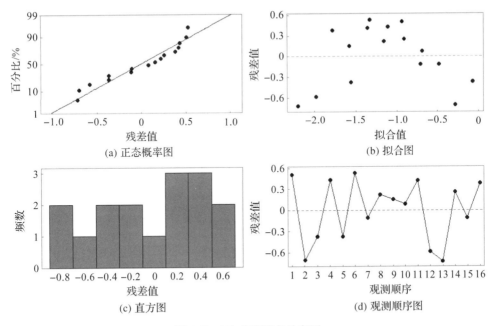

图 6.7　48h 挠度残差诊断图

实验结果由各组的均值表所示，如图 6.8 所示。可以明显看出，与控制组相比，Na^+、Mg^{2+} 和 Cl^- 三种离子的存在会显著增加高盐环境下石膏板吸湿后的下垂挠度。其中，Mg^{2+} 的影响效果最为显著，最终下垂挠度是控制组的 5 倍，其原因可以用 Gao 等[132] 的研究进行解释，该研究运用了 X 射线衍射(XRD)、扫描电子显微镜(SEM)等分析手段对 Mg^{2+} 含量不同的脱硫石膏板进行分析，发现 Mg^{2+} 的存在会减缓石膏晶体的生长速度，改变其晶体形貌，导致针状石膏晶体的形成。从力学角度进一步分析可知，针状石膏晶体易发生错位和变形，尤其在石膏吸湿时，石膏晶体间会存在水分子，在水分子的润滑作用下，这一现象更加明显。

Na^+ 和 Cl^- 添加组的石膏板下垂挠度均值分别为 0.942mm 和 0.940mm。这是由于大量存在的 Na^+ 和 Cl^- 会分别形成 Na_2SO_4 和 $CaCl_2$，使石膏板材表面容易发生返霜现象，增加板材吸水率，进而提高下垂挠度。

与控制组相比，可明显看出 K^+ 的存在对石膏板吸湿后下垂无促进作用，甚至在一定程度上会抑制石膏板吸湿后的下垂挠度。从 $K^+ + Mg^{2+}$ 的组合情况可以更加清楚地看到 K^+ 离子对石膏板下垂的抑制作用，$K^+ + Mg^{2+}$ 组合的下垂挠度与 Mg^{2+} 的下垂挠度相比，由 1.933mm 下降到了 0.605mm，抑制程度为 69.4%。这是由于 K^+ 作为强电解质离子，可以有效促使晶须延 c 轴生长，从而使其长径比增大，且晶须结晶良好[133]。这种大长径比晶须穿插在石膏晶体之间，可以增加晶体

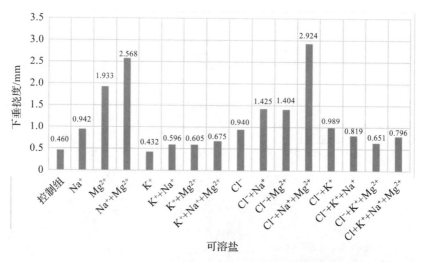

图 6.8　高湿环境下可溶盐对脱硫石膏板下垂影响

之间的搭接点,提高破坏过程所需的能量,进而减少脱硫石膏板的下垂挠度。这种作用类似出现在水泥基材料中,未水化的晶须紧紧地穿插于水泥石中,并通过裂纹桥接作用提高水泥石的韧性[134]。

从溶解度的角度同样可以解释这一现象,K_2SO_4 在 20℃时溶解度为 110g/L,而同温度下 $MgSO_4$ 的溶解度却有 255g/L,K^+ 的存在会降低石膏板材溶解度,减少水分子的进入,最终减少石膏板的下垂挠度。进一步对比 Na^+、Mg^{2+} 和 Cl^- 组合与 Na^+、Mg^{2+}、Cl^- 和 K^+ 组合,这种抑制作用体现得更为明显,相应下垂挠度由 K^+ 添加前的 2.924mm 下降到 K^+ 添加后的 0.796mm,抑制程度达到了72.9%。但在纸面石膏板的应用过程中,同样发现由于 K^+ 与 Ca^{2+} 会形成 $CaSO_4 \cdot K_2SO_4 \cdot H_2O$ 复盐,这种复盐的存在会影响纸芯的结合[135]。因此,需要找到一种既可以控制石膏板在高湿环境下吸湿下垂挠度,同时又不会对石膏制品的其他性能产生影响的添加剂,这是下一步的实验研究方向。

在全因子实验的分析中,由于考虑了不同因子的组合情况,因此有必要考虑各因子组合之间交互作用的影响。运用 DOE 可以科学、有效地分析出实验中影响显著的因子。

(1)四阶交互作用

利用 MINITAB 软件可以得到四阶交互的标准化效应正态图,如图 6.9 所示。图中斜线由中间效应点群所拟合得到,即圆点群的效应是不显著的,且服从正态分布,点在直线上或直线附近。因此,根据四阶交互的标准化效应正态图,可得到以下结论。

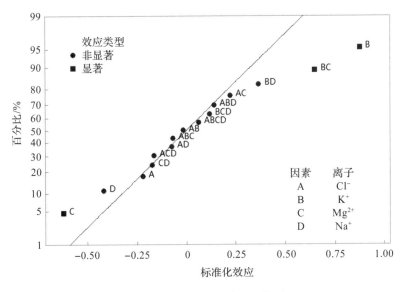

图 6.9　四阶标准化效应正态图

对石膏板吸湿后下垂产生显著影响的因素是 K^+ 和 $Mg^{2+} + K^+$。其中 Mg^{2+} 离子为促进效应,K^+ 和 $Mg^{2+} + K^+$ 为抑制效应。

排除 K^+ 存在之外的多种离子组成的三阶、四阶交互作用影响不显著,可视为无交互作用。多种离子组合所产生的下垂挠度增大效果仅为叠加效应。

K^+ 和 Mg^{2+} 之间存在显著的交互作用,K^+ 的存在显著改变了 Mg^{2+} 对石膏板吸湿后下垂的促进作用。K^+ 和 Na^+ 间也有这种类似的交互作用,但其效果在考虑四阶交互作用时并不显著。

从以上分析可知,三阶、四阶交互作用对石膏板的下垂影响均不显著,仅仅是离子之间的叠加效应。因此,进一步精确分析二阶交互作用的影响。利用 MINITAB 软件可以得到二阶交互的标准化效应正态图,如图 6.10 所示。从图 6.10可以清楚看到,由于分析精确度的加深,Na^+ 和 $K^+ + Na^+$ 组合在二阶交互作用分析中具有显著效应。这进一步证明了 K^+ 和 Na^+ 之间具有交互效应,但是其效应的影响程度小于 K^+ 和 Mg^{2+}。

6.4　本章小结

(1)脱硫石膏厚度的增加会明显延长脱硫石膏浆体的干燥时间。对于 200mm 厚的墙(脱硫石膏样品厚度为 90mm),脱硫石膏浆体的干燥时间过长,因此 200mm

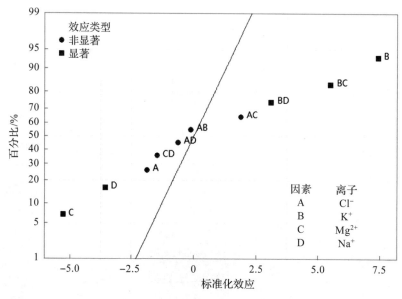

图 6.10　二阶标准化效应正态图

厚的石膏灌芯墙不建议采用。珍珠岩含量的多少对脱硫石膏干燥时间影响较小,可以忽略不计,未起到减少干燥时间的作用,考虑其成本,不建议添加珍珠岩。环境相对湿度的减少大幅缩短了脱硫石膏浆体的干燥时间,约为 8d。

(2)脱硫石膏灌芯墙的蒸发速率会随环境相对湿度的降低而逐渐加快,即蒸发速率随环境相对湿度降低呈现非线性增加。

(3)HKL-S 模型呈线性特性,因此其对脱硫石膏灌芯墙蒸发速率的预测在整体上不够准确,但在较高湿度范围内($\geqslant 55\%$),其可靠度仍然较高且表达式简单,易于运用。

(4)SRT 模型的非线性特性与脱硫石膏灌芯墙蒸发特性相高度吻合,简化后的 SRT-S 模型不仅能够准确预测脱硫石膏灌芯墙在不同湿度下的蒸发速率,同时减少了试验测定系数,便于工程实际应用。

(5)K^+、Mg^{2+} 和 Na^+ 会影响脱硫石膏板吸湿下垂挠度。其中,K^+ 和 Mg^{2+} 的影响效果最为显著。高湿环境下 Mg^{2+} 和 Na^+ 会加大脱硫石膏板的下垂挠度。当 Mg^{2+} 和 Na^+ 两种离子共同存在时,会显著增加石膏板的下垂挠度,但是这种增加仅仅是叠加效应,并不存在交互作用。对 K^+ 与 Na^+、Mg^{2+} 两种离子的不同组合实验结果进行分析表明,K^+ 与 Na^+ 和 Mg^{2+} 具有程度不同的交互作用。这种交互作用对含盐脱硫石膏板下垂变形有明显的抑制效果,具体表现在 K^+ 能明显降低脱硫石膏板因添加 Na^+、Mg^{2+} 所引起的下垂变形。

第7章
多孔混凝土氯离子多维传输试验分析

氯盐在混凝土中的扩散是导致氯盐腐蚀的主要原因,氯盐在混凝土中的扩散是一维、二维和三维的多维传递过程。因此,从多个尺度上揭示氯盐传递效应对混凝土腐蚀的影响机制是亟待解决的科学问题。一维传输是指氯离子在混凝土中的纵向传输,主要受混凝土孔隙结构、水分状态、氯离子浓度和环境温度等因素的影响[136]。根据 Fick 定律,氯盐在混凝土中的扩散速度与氯盐在混凝土中的浓度梯度呈线性关系,且与孔隙结构、含水量等因素密切相关。二维传输是指氯离子在混凝土中的平面传输,主要受混凝土孔隙结构、水分状态、氯离子浓度和环境湿度等因素的影响[137]。混凝土的孔隙结构对二维扩散有重要影响,当混凝土孔径较大时,氯离子扩散速率较快。而在混凝土中,氯离子的二维扩散也受到水分状态的影响,一般来说,当混凝土含水率较高时,氯离子的二维扩散速率也会相应增加[138]。三维传输是指氯离子在混凝土中的三维扩散,主要受到混凝土孔隙结构、水分状态、氯离子浓度和环境温湿度等因素的影响[139]。混凝土中的孔隙结构对三维扩散起着关键作用,不同孔径和形状的孔隙对氯离子的扩散速率也会产生不同的影响[140-141]。在混凝土中,氯离子的传输作用不仅存在于一维、二维和三维传输过程中,还可能存在于不同维度之间的相互作用中。例如,在混凝土中,二维传输可能与一维传输和三维传输同时存在,能对混凝土的耐久性产生更大的影响[142-144]。为了提高混凝土结构的耐久性,需要针对不同维度下氯离子的传输进行研究,一些研究者提出了基于 Fick 定律的模型,通过计算得出了氯离子在混凝土中的浓度分布和迁移速度。例如,在一维扩散模型中,研究者通常采用 Fick 扩散方程计算氯离子的扩散通量,并将其与混凝土中氯离子浓度的梯度相关联。在二维和三维扩散模型中,鞠学莉等[145]采用计算流体力学(CFD)方法模拟了混凝土中的流动和传质过程。除了理论模型,学者们也通过实验的方式对不同维度下氯离子传输的机理进行了研究。田野等[146]通过对混凝土试件的电化学测试和分析研究了不同维度下氯离子的传输规律和混凝土中氯离子的分布情况,Jiang 等[147]使用线性扫描伏安法(LSV)和交流阻抗法(EIS)

研究了一维扩散条件下混凝土中氯离子的传输规律[147]。Yu 等[148]通过 X 射线荧光光谱法（XRF）测定了混凝土中氯离子的浓度分布情况，以研究不同维度下氯离子的传输规律。

总体来说，不同维度下氯离子的传输规律和混凝土中氯离子的分布情况，对于混凝土耐久性的研究具有重要意义。通过理论模型和实验研究，可以更加深入地了解氯离子的传输机理，并提出相应的防治措施，从而保证混凝土结构的耐久性和安全性。

7.1　试验原材料

由于本次试验没有考虑外界荷载和静水压力等因素对混凝土试块的影响，因此不考虑各侵蚀面的特异性影响，按照图 7.1 建立坐标轴，本章所绘图形中，横轴侵蚀深度对应为混凝土内部的坐标位置，如侵蚀深度取 10mm，则对应不同扩散维度下混凝土的坐标位置为：一维扩散，$x=10$mm；二维扩散，$x=y=10$mm；三维扩散，$x=y=z=10$mm。

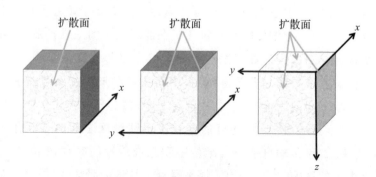

图 7.1　不同维度氯离子扩散的坐标轴

7.1.1　水泥

试验使用的水泥为福建龙鳞集团有限公司生产的龙鳞牌 P.O52.5 普通硅酸盐水泥，其产品检验依据符合《通用硅酸盐水泥》（GB 175—2007）和《水泥化学分析方法》（GB/T 176—2017）中的相关规定，水泥的化学组分见表 7.1，力学性能见表 7.2。

表 7.1　水泥化学组分

单位：%

烧失量	SiO₂	SO₃	MgO	Al₂O₃	Fe₂O₃	CaO	Cl⁻	合计
1.34	21.05	2.31	1.88	5.03	3.52	65.43	0.012	99.232

表 7.2　水泥力学性能

安定性	比表面积/ (m²·kg⁻¹)	凝结时间/min		抗折强度/MPa		抗压强度/MPa	
		初凝	终凝	3d	28d	3d	28d
合格	339	207	272	6.5	8.9	35.8	58.5

7.1.2　集料

试验所使用的粗集料为泰宁县万兴建材有限公司生产的天然碎石，使用的细集料为厦门顺磊建材有限公司生产的天然河沙，集料的检测依据符合《普通混凝土用砂、石质量及检验方法标准》(JGJ 52—2006)和《水运工程混凝土施工规范》(JTS 202—2011)中的相关规定，粗集料基本性能参数见表7.3，细集料基本性能参数见表7.4。

表 7.3　粗集料基本性能参数

表观密度/ (kg·m⁻³)	堆积密度/ (kg·m⁻³)	含泥量/ %	泥块含量/ %	氯离子含量/ %	硫化物及硫酸盐含量/%	颗粒粒径/ mm	压碎指标/ %
2630	1450	0.6	0.1	0	0.59	5～25 连续粒级	8.7

表 7.4　细集料基本性能参数

表观密度/ (kg·m⁻³)	堆积密度/ (kg·m⁻³)	含泥量/ %	泥块含量/ %	氯离子含量/ %	硫化物及硫酸盐含量/%	细度模数	级配区属
2590	1410	1.9	0.3	0.0018	0.5	2.5	Ⅱ

7.1.3　矿物掺合料

粉煤灰选用河津市龙江粉煤灰开发利用有限公司生产的Ⅰ级粉煤灰，矿渣粉选用乐亭县昌旭建材有限公司生产的 S95 矿渣粉，检测过程符合《用于水泥和混凝土中的粉煤灰》(GB/T 1596—2017)和《用于水泥、砂浆和混凝土中的粒化高炉矿渣粉》(GB/T 18046—2017)中的相关规定，粉煤灰技术性能见表7.5，矿渣粉技术性能见表7.6。

表 7.5　粉煤灰技术性能

品种等级	细度(45μm 方孔筛筛余)/%	需水量比/%	烧失量/%	三氧化硫含量/%	氯离子含量/%	含水量/%	氧化钙含量/%
Ⅰ级	9.0	91	2.0	1.6	0.007	0.1	1.6

表 7.6　矿渣粉技术性能

品种等级	含水量/%	密度/(g·cm⁻³)	比表面积/(m²·kg⁻¹)	活性指数/% 7d	活性指数/% 28d	流动度比/%	三氧化硫含量/%	烧失量/%	氯离子含量/%
S95	0.2	2.92	426	76	98	101	0.22	0.78	0.016

7.1.4　外加剂

外加剂选用科之杰新材料集团福建有限公司生产的 Point-SS 聚羧酸缓凝高效减水剂，检测依据符合《混凝土外加剂》(GB 8076—2008)中相关规定，外加剂技术性能见表 7.7。

表 7.7　外加剂技术性能

品种	减水率/%	泌水率/%	氯离子含量/%	碱含量/%	密度/(g/cm)³	pH	抗压强度比/% 7d	抗压强度比/% 28d
Point—SS	18	14	0.06	0.39	1.039	5.66	153	138

7.1.5　水

本次试验用水选用福建省厦门市工业用自来水。

7.2　试验设计

试验主要研究干湿循环作用、复合盐溶液侵蚀以及扩散维度对混凝土的腐蚀作用，共制作了 81 个 100mm×100mm×100mm 的标准立方体混凝土试块，3 个 100mm×100mm×400mm 的长方体混凝土试块以及 6 个 Φ100mm×50mm 的圆柱形混凝土试块，取 6 个立方体混凝土试块均分 2 组分别测试 7d 和 28d 的抗压强度，3 个长方体混凝土试块测试 28d 抗折强度，圆柱形混凝土试块通过快速氯离子迁移系数法(RCM)测试氯离子扩散系数，3 个标准立方体混凝土试块浸泡在水中作为对照组,剩余 72 个标准立方体混凝土试块平均分成四组,每组分别放入不同的服役环境中浸泡,同一服役环境中的 18 块标准立方体混凝土试块采用环氧树脂抹面的形式预留不同数量的扩散面,通过控制与溶液接触的扩散面的数量,实现氯离子的一维、二维、三维扩散。

7.2.1　配合比

试验混凝土强度设计参考《混凝土结构耐久性设计标准》(GB/T 50476—2019),混凝土结构暴露环境选择为氯盐侵蚀引起的钢筋锈蚀的海洋氯化物环境,氯化物侵蚀位置为受潮汐区和浪溅区影响的桥墩、承台、码头等区域,设计使用年限为 100 年,满足耐久性要求的混凝土强度最低为 C50,本次试验的混凝土设计强度为 C55,配合比参考厦门某跨海大桥施工配合比,如表 7.8 所示。

表 7.8　混凝土配合比

单位:kg/m³

水泥	砂子	石子	粉煤灰	矿渣粉	水	外加剂
320	725	1020	60	120	150	4.65

7.2.2　侵蚀环境

为了使浸泡的盐溶液尽可能接近真实的海洋环境,本次试验在厦门市同安区进行海水取样,取样数量为三份,分别测定海水中的 Cl^- 浓度和 SO_4^{2-} 浓度,取其平均值($2.8\% NaCl + 0.29\% Na_2SO_4$),采用高纯度的工业用化学试剂进行配置,参考厦门地区近几年的潮汐变化情况,选取 12h 自然干燥+12h 溶液浸泡(干湿比为 1：1)为一个周期的干湿循环制度,同时考虑到复合盐溶液侵蚀对混凝土耐久性的影响,共设计 4 组不同的侵蚀环境,如表 7.9 所示。

表 7.9　试验编号及侵蚀环境

编号	侵蚀环境
SWC	干湿循环($2.8\% NaCl + 0.29\% Na_2SO_4$,12h 自然干燥+12h 溶液浸泡)
SW	自然浸泡($2.8\% NaCl + 0.29\% Na_2SO_4$,24h 溶液浸泡)
Cl5	单一氯盐侵蚀($5.0\% NaCl$,24h 溶液浸泡)
Cl5S10	复合盐溶液侵蚀($5.0\% NaCl + 10\% Na_2SO_4$,24h 溶液浸泡)

表 7.9 中,SWC 试验组和 SW 试验组浸泡的溶液为等比例配置的海水溶液,其中 SWC 试验组试块每天自然干燥 12h,紧接着在溶液中浸泡 12h,另外三组试块

24h均浸泡在溶液中,Cl5S10试验组选用试验室常用的复合盐溶液配比,Cl5试验组为Cl5S10试验组的对照组,用以分析在氯盐侵蚀的基础上,复合硫酸盐溶液侵蚀对混凝土结构的影响,四组试验中,SWC试验组模拟海洋中处于潮汐浪溅区混凝土结构的服役状况,SW试验组模拟海洋中处于水下区混凝土结构的服役状况,Cl5S10试验组模拟盐碱地区混凝土结构的服役状况。

7.2.3　试件制备及预处理

为避免试验结果受到其他因素干扰,本次试验使用的原材料均为同一批次,且试件在同一天内完成浇筑。首先根据配合比将各原材料装取称量,提前湿润搅拌机;然后按照顺序依次往混凝土搅拌机中放入粗细骨料、水泥和矿物掺合料,进行1min的干搅,预先将外加剂和自来水混合均匀,加入搅拌机中混合搅拌2min,直到浆体均匀黏稠,将拌合物倒出,迅速装入涂有机油的试模中,插捣密实;随后将试模放在振动台上振捣1min,对表面溢出浆体进行抹面处理,置于试验室阴凉处,控制室内的温湿度恒定,24h后使用气泵进行脱模处理,转入养护室中养护28d,养护室的温度为(20±2)℃,相对湿度大于95%,混凝土试件成型及其养护如图7.2所示。

(a) 混凝土试件成型　　　　　　　(b) 标准立法体试块养护

(c) RCM试验试块养护

图7.2　混凝土试件成型及养护

本章的主要研究内容是多因素耦合作用下,混凝土在不同维度受到氯离子侵蚀的影响,因此需要对不同扩散维度的立方体混凝土试件进行预处理。对一维扩散的立方体混凝土试块五个面均涂抹环氧树脂,仅保留一个暴露面与盐溶液接触,二维扩散的立方体混凝土试块保留两个相邻面作为接触面,三维扩散的立方体混凝土试块则保留三个两两相邻的面作为接触面,其余面均用环氧树脂包裹,在预处理完成后开始浸泡溶液侵蚀,涂抹环氧树脂前后的混凝土表面如图 7.3 所示。

　　(a) 试块预处理前　　　　　　　　　　　　(b) 试块预处理后

图 7.3　混凝土试件预处理

7.2.4　侵蚀试验

混凝土试块预处理后,按照侵蚀环境分成四组,分别放入不同浓度的盐溶液中浸泡,每组 18 个立方体混凝土试块,进行一维、二维和三维的盐溶液侵蚀,侵蚀时间分别为 30d、60d 和 90d,每组混凝土的试验设计情况如表 7.10 所示

表 7.10　试验方案设计

浸泡时间/月	一维扩散	二维扩散	三维扩散
1	1	2	3
2	1	2	3
3	1	2	3

为保证溶液中离子浓度的稳定,每周用海水盐度计记录溶液盐度变化,并且每个月对溶液进行一次更换处理。编号组 SWC 和 SW 所使用的浸泡溶液相同,需要干燥时,使用小型抽水泵抽取 SWC 浸泡箱中的盐溶液到 SW 浸泡箱中,需要溶液浸泡时,再通过重力作用使 SW 浸泡箱中一部分盐溶液沿着出水口回流至 SWC 浸泡箱中,整个干湿循环过程保证盐溶液能没过试件顶面,编号组 Cl5 和 Cl510 的试块均浸没在对应盐溶液中,混凝土侵蚀试验装置及干湿循环方式如图 7.4 所示。

(a) 一组混凝土试验设计

(b) 试验浸泡装置

(c) 干湿循环方式

(d) 复合盐溶液侵蚀

图 7.4　混凝土侵蚀试验装置

7.3　试验方法

7.3.1　抗压与抗折强度

参照《普通混凝土物理力学性能试验方法标准》(GB/T 50081—2019)的要求进行混凝土抗压强度和抗折强度试验。

采用 CXYAW-2000E 微型控制压力试验机测试混凝土的抗压强度,如图7.5所示,试块从养护室取出后,与上下承压板一同擦拭干净,然后将试块放置在下承压板中心,提前在机器中输入加压试块的尺寸参数和加荷速度,启动仪器调整至上承压板与试件表面均匀接触,以 0.5MPa/s 的速度均匀加荷,直至试件破坏。

图 7.5　微型控制压力试验机

　　由于本试验试件为非标准试件,计算得到的强度值需要乘以尺寸换算系数 0.95,混凝土立方体抗压强度计算公式：

$$f_{cc} = \frac{F}{A} \qquad\qquad (7.1)$$

式中,f_{cc} 为混凝土立方体试件抗压强度,单位为 MPa；F 为试件破坏荷载,单位为 N；A 为试件承压面积,单位为 mm^2。

　　采用 WAW-100B 微机控制电液伺服万能试验机测试混凝土的抗折强度,如图 7.6 所示,试件表面擦拭干净后,放置在间距为 300mm 的支座上,以 0.05MPa/s 的

图 7.6　微机控制电液伺服万能试验机

速度均匀加荷,直至试件破坏,记录破坏荷载和试件下边缘断裂位置。

若试件折断面位于两个集中荷载作用线中间,则混凝土抗折强度 f_t(MPa)按公式(7.2)计算;若试件折断面位于两个集中荷载作用线之外,则该测值无效。每组三个试件,取其平均值作为该组试件抗折强度值。由于本试验试件为非标准试件,计算得到的强度值需要乘以尺寸换算系数 0.85。

$$f_t = \frac{Fl}{bh^2} \tag{7.2}$$

式中,f_t 为混凝土的抗折强度,单位为 MPa;F 为试件破坏荷载,单位为 N;l 为支座间跨度,单位为 mm;b 为试件截面高度,单位为 mm;h 为试件截面宽度,单位为 mm。

表 7.11　混凝土 28d 抗压、抗折强度值

设计强度等级	抗压强度实测值/MPa			抗压强度平均值/MPa	抗折强度实测值/MPa			抗折强度平均值/MPa
C55	69.6	68.1	69.0	68.9	7.16	6.30	6.12	6.53

7.3.2　抗氯离子渗透性能

参照《普通混凝土长期性能和耐久性能试验方法标准》(GB/T 50082—2019)的要求测定氯离子在混凝土中非稳态迁移的迁移系数。根据《混凝土耐久性检验评定标准》(JGJ/T 193—2009)对混凝土抗氯离子渗透性能的等级进行划分。

采用 RCM-10 型混凝土氯离子扩散系数测定仪测试氯离子的迁移系数,如图7.7 所示。试件于标准养护室养护 28d 和 84d,在渗透试验前 7d 加工成标准尺寸

图 7.7　混凝土氯离子扩散系数测定仪

的试件,并用水砂纸和细锉刀将测试面打磨光滑,继续养护至标准龄期,等达到规定时间后取出,擦拭表面后根据规范要求进行真空处理,然后用蒸馏水配制的饱和氢氧化钙溶液浸泡试件达到指定时间。

将试件安装在 RCM 试验装置中,接通电源,将初始电压设定为$(30\pm0.2)\,$V,记录每个试件的初始电流,对照规范表格调整后续施加电压的大小,记录新的初始电流,并确定试验持续时间。试验结束后,测定阳极溶液的最终温度和最终电流,将试件沿轴向劈裂,立即喷涂浓度为 0.1mol/L 的 $AgNO_3$ 溶液显色,记录氯离子渗透深度并取平均值。

混凝土的非稳态氯离子迁移系数应按下式进行计算:

$$D_{RCM}=\frac{0.0239\times(273+T)L}{(U-2)t}\left[X_d-0.0238\sqrt{\frac{(273+T)LX_d}{U-2}}\,\right]\qquad(7.3)$$

式中,D_{RCM} 为混凝土的非稳态氯离子迁移系数,单位为 m/s^2;U 为所用电压的绝对值,单位为 V;T 为阳极溶液的初始温度和结束温度的平均值,单位为℃;L 为试件厚度,单位为 mm;X_d 为氯离子渗透深度的平均值,单位为 mm;t 为试验持续时间,单位为 h。

通过 RCM 测得 28d 和 84d 氯离子扩散系数分别为 $4.2\times10^{-12}\,m^2/s$ 和 $1.7\times10^{-12}\,m^2/s$,根据表 7.12 对混凝土抗氯离子渗透性能进行等级划分,混凝土抗氯离子渗透性能等级为 RCM-Ⅳ。

表 7.12　混凝土抗氯离子渗透性能的等级划分(RCM 法)

等级	RCM-Ⅰ	RCM-Ⅱ	RCM-Ⅲ	RCM-Ⅳ	RCM-Ⅴ
氯离子迁移系数 D_{RCM}/$(10^{-12}m^2\cdot s^{-1})$	$D_{RCM}\geqslant4.5$	$3.5\leqslant D_{RCM}<4.5$	$2.5\leqslant D_{RCM}<3.5$	$1.5\leqslant D_{RCM}<2.5$	$D_{RCM}<1.5$

7.3.3　氯离子含量

7.3.3.1　取样

参照《混凝土中氯离子含量检测技术规程》(JGJ/T 322—2013)中的水溶性氯离子含量检测办法测定氯离子含量,检测方法为硝酸银滴定,铬酸钾指示。

对于研究氯离子一维扩散的混凝土试块,采用手持式冲击钻对混凝土试块进行钻粉取样,取样形式如图 7.8 所示。首先在表面标记刻度,确定钻取位置,接着使用手持式冲击钻沿着垂直于氯离子扩散方向的角度向下钻孔,先将混凝土表面钻出一个 5mm 深度的小孔,清理干净混凝土表面的粉末后,再沿着钻孔继续向下钻取,收集之后钻出的粉末。对于用来研究氯离子二维扩散的混凝土试块,取样形式一致,取芯面垂直于两相邻侵蚀面,取芯点与两个侵蚀面的距离相等,钻取方向垂直于两侵蚀面氯离子扩散的方向,重复上述步骤操作即可。

 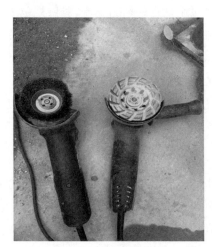

(a) 手持式冲击钻   (b) 混凝土打磨机

图 7.8 混凝土取样设备

钻取过程中需要对除钻芯面外的其他四个相邻面施加一定的压力,以防钻取过程中出现混凝土试块边角破碎的情况,进而影响试验结果的准确性,氯离子二维扩散下混凝土试块实际取样效果如图 7.9(b)所示。

对于用来研究氯离子三维扩散的混凝土试块,采用大理石切割机进行切割磨粉取样,如图 7.9(c)所示。先在混凝土表面标记出需要取样的位置,然后使用大理石切割机从混凝土试块中切取出如图所示的立方体小块,用打磨机对立方体小块的内角进行磨粉,混凝土试块上与立方体小块内角对应的位置通过手持式冲击钻钻取粉末,将两种方式得到的粉末一同收集。

为确保所取样品粉末测得的数据能够更加准确,每个位置仅钻取 5～8g 的砂浆粉末进行收集,且在同一服役条件下,进行氯离子二维扩散的混凝土试块有两个,三维扩散的有三个,能够避免需要在同一个混凝土试块中收集多次粉末的问题,图 7.10(b)为收集到的混凝土粉末。

7.3.3.2 测试

称取 5g 砂浆粉末,加入 50mL(V_1)蒸馏水,摇匀后放在带石棉网的试验电炉上沸煮 5min,停止加热后盖好瓶塞静置 24h,滤纸过滤后得到滤液,分别移取 2 份

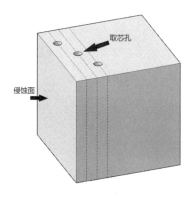

(a) 一维扩散取样

(b) 二维扩散取样

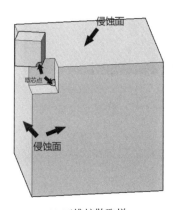

(c) 三维扩散取样

图 7.9　混凝土试块取样示意

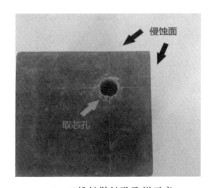

(a) 二维扩散钻孔取样示意

(b) 收集混凝土粉末

图 7.10　实际取样

20mL(V_2)滤液,置于两个三角烧瓶中,滴入酚酞指示剂,再用硝酸溶液中和至刚好无色,滴定前向两份滤液中加入 10 滴铬酸钾指示剂,然后用 AgNO₃ 标准溶液滴定至略带桃红色的黄色不消失,记录各自消耗的硝酸银溶液体积,取平均值 V_3 作为测定结果,试验过程如图 7.11 所示。

(a) 电子称量

(b) 溶解氯离子

(c) 滴加酚酞指示剂

(d) 滴加铬酸钾指示剂

(e) 硝酸银沉淀

(f) 滴定终点

图 7.11　滴定示意

硬化混凝土中水溶性氯离子含量按下式计算:

$$W_{Cl^-}^W = \frac{C_{AgNO_3} \times V_3 \times 0.03545}{G \times \dfrac{V_2}{V_1}} \times 100 \qquad (7.4)$$

式中,$W_{Cl^-}^W$ 为硬化混凝土中水溶性氯离子占砂浆质量的百分比,单位为%;C_{AgNO_3} 为硝酸银标准溶液浓度,单位为 mol/L;V_3 为滴定时硝酸银溶液的标准用量,单位为 mL;G 为砂浆样品质量,单位为 g;V_1 为浸样品的蒸馏水用量,单位为 mL;V_2 为每次滴定时提取的滤液量,单位为 mL。

7.3.4　微观性能

7.3.4.1　扫描电子显微镜

本试验采用德国 ZEISS Sigma 300 型扫描电子显微镜进行观测,取样点距混凝土表面 5mm,样品采用自然断口,不做抛光处理,以免破坏样品内部物质形貌,如图 7.12 所示。制样方式选择粘贴在导电胶上制样,由于混凝土导电性较差,会影响观测的清晰度,因此还需使用 Quorum SC7620 溅射镀膜仪对样品进行喷金处理。

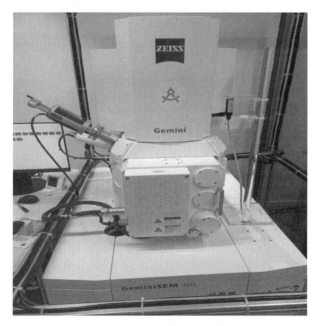

图 7.12　扫描电子显微镜

7.3.4.2　X 射线衍射仪

通过日本 Rigaku Ultima Ⅳ 型 X 射线衍射仪对块状混凝土进行分析,取样点距混凝土表面 5mm,将混凝土块体(厚度不少于 0.1cm)样品粘于玻璃/铝制样品台上,使用 X 射线行射仪进行测试,测试靶材选用 Cu 靶,选择常规测试角度为 5°～90°,扫描速度选择 2°/min,如图 7.13 所示。

将 X 射线衍射仪检测到的样品数据导入 MDI Jade 软件中进行物相分析,扣除背底,搜寻元素进行匹配,将每个峰值对应的产物标记出来,导出处理后的数据,选取关键区间,在 ORIGIN 软件中完成作图。

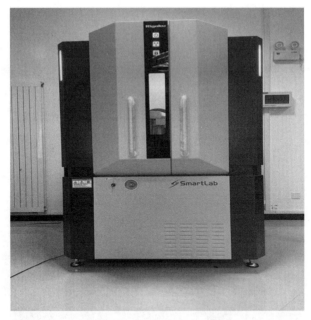

图 7.13　X 射线衍射仪

7.4　不同维度氯离子扩散

7.4.1　氯离子一维扩散

图 7.14(a)～图 7.14(c)分别表示在氯离子一维扩散的条件下,不同试验组混凝土试块在 1 个月、2 个月及 3 个月的浸泡时间里,混凝土内部氯离子浓度随着侵蚀深度的变化情况。

对图 7.14(a)进行分析可以发现,在浸泡 1 个月的相同时间里,混凝土内部的氯离子浓度会随着侵蚀深度的增加而逐渐减少,以侵蚀深度 10mm 作为分界点,将整个侵蚀深度分成两部分,可以看出氯离子在侵蚀的前半段,四种侵蚀环境里,不同试验组的表面氯离子浓度差异比较大,并且随着侵蚀深度的增加,氯离子浓度下降很快;而到了侵蚀深度 10mm 处时,各试验组的氯离子浓度差逐渐减少,并且在侵蚀的后半段减少的更加缓慢;当侵蚀深度到达 20mm 处时,各试验组的氯离子浓度几乎相同且趋于零,混凝土本身氯离子含量极其低。可见,氯离子在混凝土中进行传输,浓度差是一个很关键的条件。

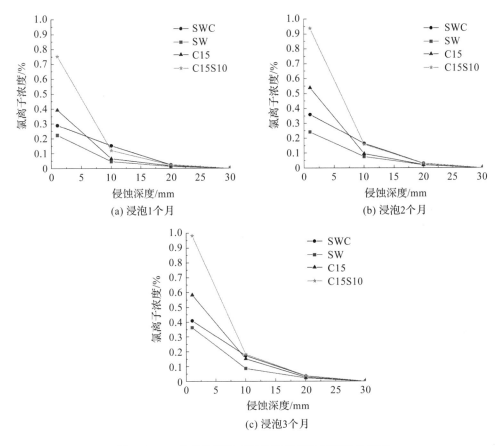

图 7.14　一维扩散下氯离子浓度随侵蚀深度变化情况

对比氯离子一维扩散条件下各试验组的氯离子浓度变化情况可以发现,SW 试验组和 C15 试验组混凝土内部的氯离子浓度相较于 SWC 试验组和 C15S10 试验组下降较快,这说明了干湿循环作用以及复合盐溶液的侵蚀对氯离子在混凝土中的扩散起到促进作用。

图 7.15 表示的是不同浸泡编号的混凝土试块,在其内部相同的侵蚀深度处的氯离子浓度随着侵蚀时间的变化情况。

对图 7.15 同一深度处氯离子随时间的扩散情况进行分析可以发现,随着混凝土在溶液中浸泡时间的增加,四组混凝土试块在距扩散面 10mm 深度处的氯离子浓度都有所增长,且 SWC 试验组和 C15S10 试验组相较于 SW 试验组和 C15 试验,短时间浸泡下混凝土内部的氯离子浓度更高,说明无论是干湿循环作用,还是复合盐溶液的作用,都能提高氯离子在混凝土表层的传输速率,并且这种提高在混凝土试块服役时间较短的情况下更加明显,随着侵蚀深度以及侵蚀时间的增加,提高效

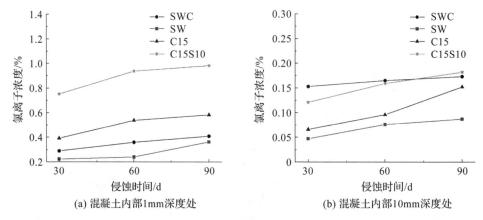

图 7.15　氯离子浓度随侵蚀时间变化情况

果逐渐减弱。在四组混凝土试块中,Cl5 试验组的混凝土试块在 10mm 深度处的氯离子浓度对时间的变化最为敏感,且增幅相对更大,这也说明了浓度差是影响氯离子在混凝土内部传输快慢的主要因素。

7.4.2　氯离子二维扩散

图 7.16(a)～图 7.16(c)分别表示在氯离子二维扩散的条件下,不同试验组混凝土试块在 1 个月、2 个月及 3 个月的浸泡时间里,混凝土内部氯离子浓度随侵蚀深度的变化情况。

氯离子的二维扩散试验中,混凝土表面的氯离子浓度有所增加,其中 Cl5S10 试验组表面氯离子浓度最高,其次是 Cl5 试验组,但这两个试验组混凝土内部的氯离子浓度都下降得很快,SWC 试验组表面的氯离子浓度虽然不高,但其内部的氯离子浓度下降缓慢,在侵蚀深度为 10mm 时,SWC 试验组的氯离子浓度与 Cl5 试验组和 Cl5S10 试验组的氯离子浓度几乎一致,而在侵蚀溶液中,Cl5S10 试验组和 Cl5 试验组的氯离子浓度是 SWC 试验组氯离子浓度的 1.78 倍,当侵蚀深度达到 20mm 时,SWC 试验组的氯离子浓度已经远远超过 Cl5 试验组和 Cl5S10 试验组的氯离子浓度。

对比相同条件下一维扩散和二维扩散的混凝土内部氯离子浓度的变化可以发现,二维扩散情况下混凝土内部同一深度处的氯离子浓度比一维扩散要高,且氯离子浓度的降低幅度随侵蚀深度加深而降低,SWC 组在二维扩散条件下浸泡 3 个月,首次在侵蚀深度 30mm 的位置检测到氯离子,这也证明了扩散维度对于氯离子在混凝土中的传输具有很重要的影响。

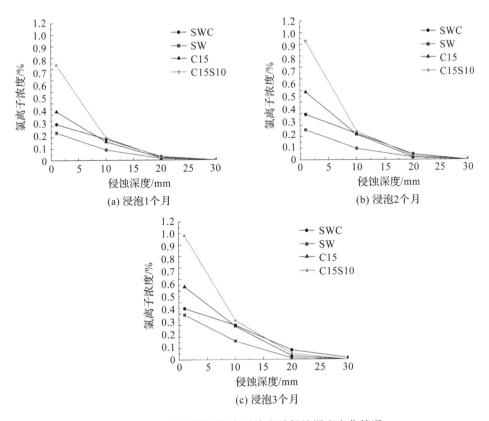

图 7.16　二维扩散下氯离子浓度随侵蚀深度变化情况

7.4.3　氯离子三维扩散

图 7.17(a)～图 7.17(c)分别表示在氯离子三维扩散的条件下,不同试验组混凝土试块在 1 个月、2 个月及 3 个月的浸泡时间里,混凝土内部氯离子浓度随着侵蚀深度的变化情况。

通过图 7.17 可进一步分析得到,在三维扩散条件下,混凝土内部的氯离子浓度更高,且随着侵蚀时间的增加,这种表现越为明显,以 SWC 试验组为例,3 个月浸泡时间,侵蚀深度 10mm 处,三维扩散的氯离子浓度是一维扩散的 2.2 倍,侵蚀深度 20m 处,三维扩散的氯离子浓度已经达到了一维扩散的 4.08 倍。由此我们可以分析,当侵蚀时间足够长时,受多维侵蚀的混凝土结构,其内部的氯离子含量将远远大于受低维侵蚀的混凝土氯离子含量,这更加说明了在模拟分析的过程中,我们不能够忽略侵蚀维度对氯离子在混凝土中扩散的影响。

同时对比图 7.15、图 7.16 和图 7.17 可以发现,无论浸泡时间多久,四种编号

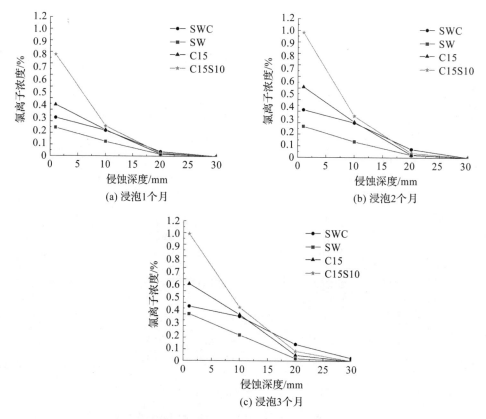

图 7.17   三维扩散下氯离子浓度随侵蚀深度变化情况

的混凝土试块内部氯离子浓度都会随着侵蚀深度的增加而减少,说明在自然环境下,氯离子总是从高浓度的区域传输到低浓度的区域。对比相同时间里 SW 试验组和 SWC 试验组中的氯离子浓度可以发现,SW 试验组的混凝土内部氯离子浓度更低,它模拟的实际工况是完全浸没在水下区域的混凝土构件。SWC 实验组经过了干湿循环的作用,无论是混凝土表面还是内部的氯离子浓度,均大于 SW 试验组,而它所代表的是实际工程中处于潮汐区和浪溅区的混凝土构件。这是由于在干湿循环作用下,混凝土结构经历了饱和状态及非饱和状态的变化,当混凝土由干燥状态向饱和湿润状态变化时,混凝土外部的盐溶液就会带动更多的氯离子向混凝土内部的孔隙转移,进而增加了氯离子在混凝土中的含量,这也证明了在实际工况中,处于潮汐和浪溅区的混凝土构件往往会比处于水下区的混凝土构件氯离子含量更高,混凝土内部的钢筋更容易发生氧化还原反应,产生锈蚀膨胀进而破坏混凝土结构。

    对比编号 Cl5 和 Cl5S10 两组数据中氯离子浓度的大小可以发现,Cl5S10 试验组中混凝土表面的氯离子浓度远高于其他几组,且在复合盐溶液(5％NaCl＋10％ Na$_2$SO$_4$)的侵蚀作用下,混凝土内部的氯离子浓度要比单一盐溶液(5％NaCl)大, 但是这种变化在混凝土内部随着时间的变化不明显,这可能是由于在浸泡的初期 阶段,硫酸盐能在混凝土内部发生化学反应,使氯离子的化学结合产物 Friedel 盐 转化为钙矾石,导致部分结合氯离子被释放,转化为自由氯离子,氯离子浓度升高; 在浸泡中期阶段,硫酸盐侵蚀还会生成一定的膨胀产物,填充了混凝土内部的孔 隙,减缓了氯离子在混凝土内部的传输,这两个阶段都与图中测试的结果表现一 致。在浸泡的后期阶段,由于硫酸盐的侵蚀,混凝土内部会产生一些细微的裂缝, 加快了氯离子在混凝土中的传输。

7.5　不同侵蚀环境的氯离子扩散情况

7.5.1　SWC 试验组(干湿循环)

图 7.18(a)～图 7.18(c)分别对应 SWC 试验组浸泡 1 个月、2 个月、3 个月的 混凝土试块内部氯离子的一维、二维、三维扩散情况,1 个月、2 个月、3 个月对应的 干湿循环次数分别是 30 次、60 次、90 次。

由图 7.18 可以发现,混凝土试块在经历了干湿循环作用后,内部氯离子含 量明显增多,尤其在混凝土内部 20～30mm 深度的位置,随着干湿循环次数的增 加,氯离子含量的变化更为明显。对比图 7.18(a)和图 7.18(c)可以发现,干湿 循环次数的增加对于氯离子高维度的扩散有很明显的促进作用,当混凝土试块 仅经历 30 次干湿循环时,在一维、二维、三维的扩散影响下,在混凝土侵蚀深度 20mm 处的氯离子浓度并没有很明显差异,都小于 0.1％,当混凝土试块经历了 90 次干湿循环后,在混凝土侵蚀深度 20mm 处,三维扩散状态下混凝土内部的 氯离子浓度达到一维扩散的三倍,二维扩散状态的氯离子浓度也达到了一维扩 散的两倍,并且在侵蚀深度 30mm 的位置,二维扩散和三维扩散也发现了少量的 氯离子含量。

SWC 试验组模拟的是海洋工程中处于潮汐区和浪溅区影响的混凝土结构,这 个区域的混凝土结构每天都会经历海水干湿交替的影响,这个区域的混凝土试块 受到的侵蚀影响也最深,尤其是这个区域氧含量充足,当足够多的氯离子进入混凝 土内部一定深度处时,便会和其内部的钢筋发生氧化还原反应,产生锈蚀胀裂,影 响结构的承载能力。由此我们也可以看出,在干湿循环与氯离子多维扩散的共同

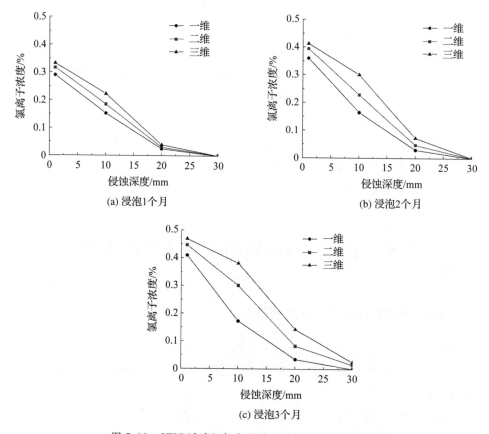

图 7.18　SWC 试验组氯离子浓度随侵蚀深度变化情况

作用下,氯离子扩散速率的增加十分显著。在对这种工况进行分析的时候,更加不能忽略的扩散维度对氯离子侵蚀混凝土的影响。

7.5.2　SW 试验组(自然浸泡)

图 7.19(a)～图 7.19(c)分别对应 SW 试验组浸泡 1 个月、2 个月、3 个月的混凝土试块内部氯离子的一维、二维、三维扩散情况。

从图 7.19 可以发现,随着浸泡时间的增加,混凝土表面的氯离子浓度都有所增加,比较不同扩散维度下混凝土表面的氯离子浓度,发现并没有明显的差异,扩散维度对于混凝土内部氯离子浓度的影响主要还是体现在混凝土内部 0～20mm 侵蚀深度这个区间内。侵蚀深度 10mm 处,浸泡时间 3 个月,SW 试验组三维扩散氯离子浓度是一维扩散的 2.55 倍,而在相同的三维扩散条件下,在混凝土侵蚀深度 10mm 处,SW 试验组浸泡 3 个月的氯离子浓度是浸泡 1 个月氯离子浓度的 1.76 倍。

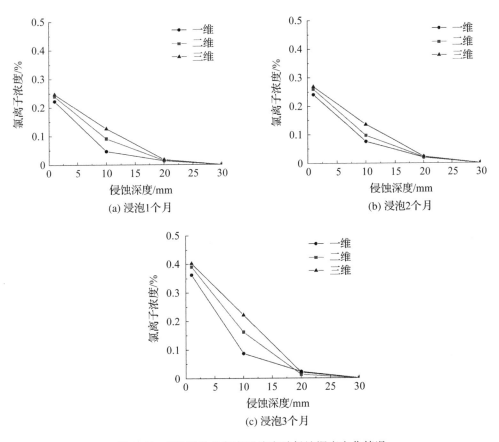

图 7.19　SW 试验组氯离子浓度随侵蚀深度变化情况

　　SW 试验组模拟的是海洋工程中水下区影响的混凝土结构,该区域的氯离子向混凝土内部传输主要是由离子浓度差引起。通过试验结果我们可以推断,这种浓度差的作用效果是有限的,混凝土本身结构紧密,随着侵蚀深度的增加,混凝土内部不同区段的氯离子浓度差异逐渐减小,而当氯离子浓度减小到一定程时,便很难再向混凝土内部更深的位置进行传输,且水下区的氧含量相对较低,相比潮汐浪溅区,该区域的结构相对更加安全。

7.5.3　Cl5 试验组(5%NaCl)

　　图 7.20(a)~图 7.20(c)分别对应 Cl5 试验组浸泡 1 个月、2 个月、3 个月的混凝土试块内部氯离子的一维、二维、三维扩散情况。

　　从图 7.20 我们可以发现,随着侵蚀环境中氯离子浓度的增加,混凝土表面的

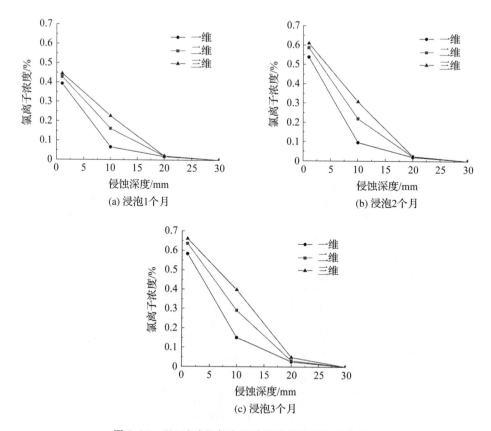

图 7.20 Cl5 试验组氯离子浓度随侵蚀深度变化情况

氯离子浓度也有了明显增长,在侵蚀深度 0~20mm 区域内,氯离子含量更多,不同维度扩散作用下混凝土内部氯离子浓度差值明显,在浸泡时间相同的情况下,侵蚀深度 10mm 处,三维扩散混凝土内部的氯离子浓度达到一维扩散的 2 倍,氯离子浓度在混凝土中变化的趋势,都是随着侵蚀深度的增加,先快速下降再缓慢减少。

  对比图 7.19 和 7.20,可以发现两者的变化趋势几乎相同,侵蚀环境中的氯离子浓度越高,就会有越多的氯离子在浓度差的作用下向混凝土内部进行传输,且在混凝土表层,氯离子浓度的变化十分明显。随着侵蚀时间的增加,混凝土内部各个位置的氯离子浓度会相应升高,但随着侵蚀深度的增加,氯离子浓度随时间的变化很小。这也说明,浓度差越大,进入混凝土内部的氯离子就越多,但这也仅仅是氯离子向混凝土内部扩散的基本条件,并不是引起混凝土内部钢筋锈蚀的主要原因。

7.5.4　Cl5S10 试验组(5％NaCl＋10％Na₂SO₄)

图 7.21(a)～图 7.21(c)分别对应 Cl5S10 试验组浸泡 1 个月、2 个月、3 个月的混凝土试块内部氯离子的一维、二维、三维扩散情况。

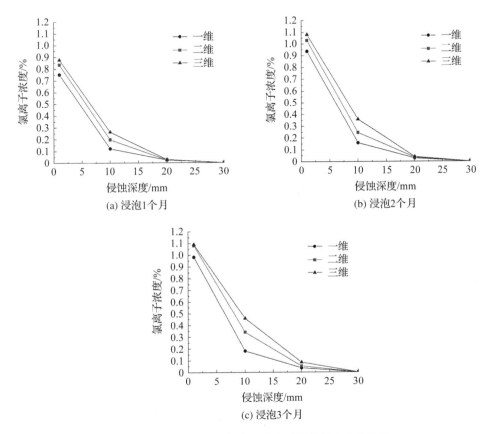

图 7.21　Cl5S10 试验组氯离子浓度随侵蚀深度变化情况

由图 7.21 可知,Cl5S10 浸泡组表面的氯离子浓度都很大,但在侵蚀深度 0～20mm 区域,离子浓度减小十分迅速,并且在侵蚀时间为 1 个月的时候,混凝土内部氯离子浓度的三维扩散斜率与一维扩散斜率基本一致,当浸泡时间达到 3 个月时,才有些许差异,但是这种差异并不明显。对比该试验组在三维扩散条件下浸泡 1 个月、2 个月和 3 个月时混凝土内部氯离子浓度的变化,发现其对时间的敏感程度偏低,推测是浸泡中期硫酸根离子取代部分氯离子生成了钙矾石,形成了一定的膨胀产物,填充了混凝土内部的孔隙,减缓了氯离子在混凝土内部的传输。

除此之外,由图 7.21(d)可以发现,侵蚀溶液中存在不少析出晶体,对比表 7.1可以发现,当环境温度比较低的时候,Na_2SO_4 的溶解度也很小,这种情况导致溶液的浓度产生变化,会影响试验的准确性,且参考规范中滴定法测试硬化混凝土中氯离子浓度时,Na_2SO_4 也会和 $AgNO_3$ 溶液发生反应,形成 Ag_2SO_4 沉淀,如公式(7.2)所示,因此很难检测出溶液中氯离子的实际含量。

表 7.12　Na_2SO_4 溶解度表

温度/℃	0	10	20	30
溶解度	4.9	9.1	19.5	40.8

$$2AgNO_3 + Na_2SO_4 = Ag_2SO_4 \downarrow + 2NaNO_3 \tag{7.2}$$

7.6　扫描电子显微镜分析

对于多因素耦合作用下氯离子多维传输的研究,本章通过室内模拟试验和氯离子浓度检测,客观地评价了不同因素和扩散维度对氯离子在混凝土中扩散的影响。为了进一步探究在这些复杂作用影响下混凝土的劣化规律,对混凝土试件进行了扫描电子显微镜试验,对同一浸泡时间同一维度不同侵蚀环境下混凝土试块的微观结构进行分析,与空白组进行对比,研究混凝土结构在服役过程中内部孔隙和裂缝的发展情况,通过观察混凝土内部侵蚀产物的形貌变化、孔隙变化及裂缝变化,阐明多因素影响下混凝土结构的劣化损伤机理。

不同腐蚀溶液侵蚀 3 个月后混凝土微观结构的扫描电镜图如图 7.22 所示,图片的放大倍数为 20000 倍。图 7.22(a)为在水中浸泡 3 个月的对照组混凝土结构的微观形态,从图中可以看出,对照组的混凝土结构整体性好,存在大量片层状的结构,为 C_3A 水化反应生成的铝酸钙,还存在少量凝胶状(C-S-H)水化产物,结构排列整齐,图片中骨料与砂浆过度区域黏结较好,整体孔隙和裂缝数量少。图 7.22(b)为干湿循环作用之后的混凝土试块的微观形态,此时的混凝土结构表面产生了许多裂缝,将裂缝放大进一步观察,结构表面粗糙,存在许多孔隙和凹陷,孔隙间的连通性也随之增强,并伴随有大量水化产物和 Friedel 盐的生成,混凝土表面出现了一些细微松散的颗粒,骨料与浆体的过渡区界限模糊,整体的粘黏性也变差。联通的孔隙与大量的裂缝对氯离子在混凝土中的传输提供了极大的便利,因此将会有更多的氯离子进入混凝土内部,参与反应生成的 Friedel 盐的数量增多。这也验证了本章前面的观点,干湿循环对于提升氯离子在混凝土表层传输速率的作用十分明显,能显著提升氯离子在混凝土中的侵蚀深度,其作用本质是引起混凝土结构的损伤劣化。

(a) 对照组

(b) SWC试验组

(c) SW试验组

(d) Cl5试验组

(e) Cl5S10试验组

图 7.22　不同腐蚀溶液侵蚀 3 个月后混凝土试块扫描电子显微镜

图 7.22(c)和图 7.22(d)分别代表了不同浓度 NaCl 对混凝土结构的侵蚀,两张图中都存在大量水化硅酸钙的纤细状聚集体,并且存在许多的孔隙,图 7.22(d)的表现更为明显,由于 SW 试验组浸泡溶液中存在少量 Na_2SO_4,故其结构表面存

在针状结晶。

图 7.22(e)显示了 Cl5S10(5％NaCl＋10％Na$_2$SO$_4$)试验组的微观结构。由于存在硫酸根离子,故可以在图中观察到许多针状的钙矾石晶体,钙矾石往往容易积聚在一起呈现簇状,由中心部位向四周辐射,并且这种晶体往往具有更大的膨胀体积,容易在混凝土内部产生内应力,对混凝土结构造成一定的损伤,而当混凝土结构产生了微裂缝以后,将会有更多的硫酸盐溶液进入混凝土内部,产生更多的簇状晶体,进一步破坏混凝土结构的完整性。所以在复合盐溶液的长期浸泡过程中,混凝土的损伤劣化明显,内部的氯离子含量也会有显著增加。

将所有试验组通过对比发现,混凝土结构受到氯盐侵蚀后,混凝土表面的结构形态都发生了很大的变化,由规则的层状结构逐渐转变为无规则的絮状,针状结构,孔隙裂缝增多,混凝土耐久性能降低。

7.7　X 射线衍射峰值分析

不同腐蚀溶液侵蚀 90 天后混凝土 X 射线衍射峰值物相变化曲线如图 7.23 所示,通过 MDI Jade 中元素检索将衍射图谱中各个峰值所代表的物质在图像中标记出来。由干燥状态下试件的 X 射线衍射峰值图谱可知,试件的物相成分主要有 SiO$_2$、CaCO$_3$、Ca(OH)$_2$ 及氯离子化合产物 Friedel 盐(3CaO · Al$_2$O$_3$ · CaCl$_2$ · 10H$_2$O),反应如公式(7.3)所示。

将图 7.23 中四个试验组与空白对照组进行比较可以发现,五组样品 X 射线衍射峰值的衍射峰最高峰值均是 SiO$_2$,其为砂石骨料的主要成分,其次是 CaCO$_3$,经过不同的腐蚀溶液侵蚀 90 天后,混凝土试块内部均检测出了 Friedel 盐的特征峰值,但相对而言,SWC 试验组和 Cl5 试验组的 Friedel 盐特征峰值更高,这是因为干湿循环次数的增加会加速混凝土内部的劣化损伤使孔隙变大及出现微裂缝,浓度差能使更多的氯离子向混凝土内部进行传输,氯离子分别在干湿循环和浓度差的作用下,加速扩散到混凝土内部,与 C$_3$A 反应生成更多的 Friedel 盐。Cl5S10 试验组中 Friedel 盐含量较低是因为硫酸根离子置换 Friedel 盐中的氯离子,并最终生成钙矾石(3CaO · Al$_2$O$_3$ · 3CaSO$_4$ · 32H$_2$O),如公式(7.4)所示,混凝土中自由氯离子含量增多。

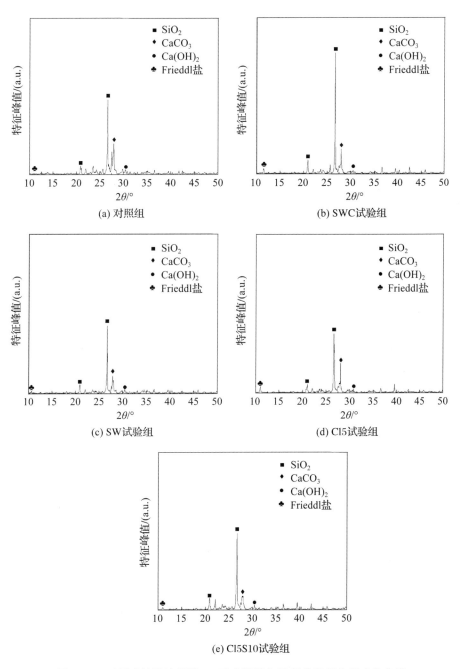

图 7.23　不同腐蚀溶液侵蚀 90 天后混凝土 X 射线衍射物相变化曲线

$$3CaO \cdot Al_2O_3 \cdot CaSO_4 \cdot 12H_2O(AFm) + 2Cl^- \longrightarrow$$

$$3CaO \cdot Al_2O_3 \cdot CaCl_2 \cdot 10H_2O(Friedel\ 盐) + SO_4^{2-} + 2H_2O \qquad (7.3)$$

$$3CaO \cdot Al_2O_3 \cdot CaCl_2 \cdot 10H_2O(Friedel\ 盐) + 3SO_4^{2-} + 2Ca^{2+} + 22H_2O \longrightarrow$$

$$3CaO \cdot Al_2O_3 \cdot 3CaSO_4 \cdot 32H_2O(AFt) + 2Cl^- \qquad (7.4)$$

7.8　本章小结

本章采用化学滴定的方式测试了混凝土内部不同深度处的氯离子浓度,通过作图的方式分析不同侵蚀环境、不同侵蚀时间以及不同扩散维度对混凝土内部氯离子分布的影响,总结如下。

(1)氯离子在混凝土中的浓度与侵蚀溶液中氯离子浓度、氯离子扩散维度、侵蚀时间成正相关,与混凝土的侵蚀深度成负相关。

(2)相同条件下,多维度扩散影响下的混凝土内部氯离子浓度相较一维扩散的氯离子浓度有显著提高,并且随着侵蚀时间及侵蚀维度的增加,这种差异愈加明显。以 SW 试验组为例,浸泡时间为 3 个月时,SW 试验组三维扩散氯离子浓度是一维扩散的 2.55 倍,而在相同的三维扩散条件下,混凝土侵蚀深度在 10mm 处,SW 试验组浸泡 3 个月的氯离子浓度是浸泡 1 个月氯离子浓度的 1.76 倍,模拟研究中不能忽略侵蚀维度对氯离子在混凝土中扩散的影响。

(3)干湿循环作用以及复合盐溶液的侵蚀对氯离子在混凝土中的扩散起到促进作用,都能提高氯离子在混凝土表层的传输速率,其作用机理是引起混凝土结构内部的损伤劣化,且干湿循环作用能明显提高氯离子在混凝土中的侵蚀深度,对结构危害较大,当混凝土试块经历了 30 次干湿循环时,侵蚀深度 20mm 处,不同扩散维度下氯离子浓度差异并不明显,当混凝土试块经历了 90 次干湿循环后,混凝土侵蚀深度 20mm 处,三维扩散状态下混凝土内部的氯离子浓度达到一维扩散的三倍,二维扩散状态下的氯离子浓度也达到了一维扩散的 2 倍,并且在侵蚀深度 30mm 的位置,二维扩散和三维扩散也发现了少量的氯离子含量。

(4)氯离子向混凝土内部的传输主要由离子浓度差引起,浓度差越大,进入混凝土内部的氯离子浓度就越多,相对外部多场条件,这种浓度差的作用效果是有限的,尤其在复杂环境耦合氯离子多维扩散的情况下,浓度差是氯离子向混凝土内部扩散的基本条件,并不是引起混凝土内部钢筋锈蚀的主要原因。

(5)扫描电子显微镜观察发现混凝土试块受到干湿循环作用的影响,结构内部出现明显的裂缝,孔隙增多,连通性也随之增强,并伴随有大量 Friedel 盐的生成,复合盐溶液侵蚀影响,硫酸钠参与反应形成大量针状的钙矾石晶体,且钙矾石容易积聚在一起呈现簇状,由中心部位向四周辐射。

(6)X 射线衍射物相分析发现,在腐蚀溶液侵蚀 90 天后,试块的物相成分主要有 SiO_2、$CaCO_3$、$Ca(OH)_2$ 及氯离子化合产物 Friedel 盐($3CaO \cdot Al_2O_3 \cdot CaCl_2 \cdot 10H_2O$)。受氯离子侵蚀的混凝土试块内部均检测出了 Friedel 盐的特征峰值,其中,受干湿循环,氯离子浓度增加以及复合盐溶液侵蚀作用,X 射线衍射图像中 Friedel 盐的峰值上升干湿循环作用与氯离子浓度增加,考虑是因为有更多的游离氯离子进入混凝土内部,参与反应的氯离子数量增加,促使更多的 Friedel 盐产生;而复合盐溶液中硫酸根离子置换 Friedel 盐中的氯离子,使混凝土中自由氯离子含量增多。

第8章
结论与展望

本书以多孔介质传热传质学为理论基础，以建筑结构内的热湿耦合、热固耦合因素为工程背景，对夏热冬冷地区多孔材料传热传质过程进行了深入、系统的研究，取得了对实际工程有益的指导性成果，但在热湿耦合模型和微观尺度实验上仍有欠缺。

8.1　结　论

本书针对市场上品种繁多的保温隔热材料进行了市场调研，并以电路串并联为模型，初步得到了复合材料的导热系数，并进一步选定复合材料方案。通过实测复合材料的导热系数来验证 COMSOL 仿真模拟的可靠性，实验结果与仿真结果证明，COMSOL 仿真在传热方面的模拟可靠性很高。

本书结合 COMSOL 软件对屋面结构的构造方案、热桥影响、尺寸效应等进行了模拟。在屋面材料的选择上尽量选择导热系数相接近的材料，这样能够有效减少热桥的影响；而屋面材料的正置性和倒置性对传热过程影响较小，保温隔热层的形状与拼接方式也对传热过程影响较小，但在界面处，不同材料的选取会对传热过程有着较大的影响。在几何尺寸影响方面，材料的长度与宽度对传热的影响较小，而材料的厚度却对传热有着明显的影响。进一步得出，随着部品拼接数量的增加，传热过程会逐渐加快。因此，可根据书中结论指导工厂生产相应的部品结构，并进一步对屋面结构进行设计。

本书通过对材料组合进行高低温、干湿循环等耐候性实验得出：高低温循环对材料的导热性能有影响，且对有机保温材料的影响要大于无机材料；干湿循环对脆性较大的无机保温材料有较大影响，而对弹性相对较大的有机材料影响较小；结合 COMSOL 软件分别计算热传导、热湿耦合（防水与不防水）及热固耦合传递进行验证发现，荷载对传热过程无影响；在良好的防水层下，湿度与传热过程呈负相关趋势;而当防水层被破坏时,湿度的存在会急剧加快传热过程;在多场耦合的基础上,进一步结合工厂生产的实际部品构件进行优化设计。本书为了方便工厂对部品的拼接组装,根据工厂提出的意见对部品内材料间的缝隙进行模拟,得出保温隔热材料之间的宽度在 60mm 以内为最佳。同时,为了进一步提高部品的保温隔热性能,本书提出了两种优化方案,即构造设计及断热桥。结果表明,构造设计方案不能有效提高部品的保温隔热性能;而粘贴一层保温层能够有效起到断热桥的效果,使屋面系统整体保温隔热性能提高。

8.2　展　望

本书在研究湿传递过程中,将温度及相对湿度作为驱动势较为简化,未能正确模拟湿度在屋面内的传递规律。由于多孔材料中湿传递较为复杂,影响因素很多,故不同的材料,其吸湿性、含水率及蒸发渗透性均不一样,且材料本身导热系数会随着温度及湿度变化,因此模拟出的结果只能代表材料导热系数不会随着外界发生明显波动条件下的屋面性能宏观演变规律。由于实验条件及时间有限,导热系数测试过程中未考虑接触热阻的情况。在今后的研究中,应当结合耐候性实验建立材料有效使用寿命模型,从而推导出屋面系统的有效使用寿命。

本书的研究目标主要为宏观性能演变规律,在微观尺度及实验上未能进行深入研究。今后研究中需要对材料孔结构和固体骨架等进行相关的探讨,以得出在多场耦合作用下微观结构的经时演变规律,并从中提炼出微观结构的特征参数,以便进一步构建微观结构与宏观性能的关系模型,从微观结构优化设计角度的提出屋面保温隔热系统性能提升的理论与技术。

参考文献

[1] 邵宁宁,秦俊峰,刘泽,等.基于建筑节能的墙体保温材料的发展分析[J].硅酸盐通报,2014,33(6):1403-1407.

[2] 林波荣,肖娟.我国绿色建筑常用节能技术后评估比较研究[J].暖通空调,2012,42(10):20-25.

[3] 叶国琳.湛江市"十二五"建筑节能规划研究[D].广州:华南理工大学,2013.

[4] 丁杨,周双喜,王中平,等.屋面保温材料研究现状及应用综述[J].化工新型材料,2017,45(10):17-19.

[5] 胡志鹏.聚氨酯硬泡:未来前景广阔的保温节能材料[J].聚氨酯工业,2008(9):32-35.

[6] 赵哲,刘博.聚氨酯硬泡外墙隔热保温技术[J].辽宁化工,2014,43(8):1038-1039,1042.

[7] 钟达飞,谢伟,鲍俊杰,等.聚氨酯在建筑外墙保温材料的应用[J].化学建材,2007,23(4):19-20.

[8] 马文军,程瑜,管宗甫.泡沫混凝土用于建筑保温体系的研究进展[J].混凝土世界,2014(11):95-98.

[9] 张英,杨小芳,赵芊,等.泡沫混凝土在屋面保温工程中的应用[J].新型建筑材料,2011,38(9):19-21.

[10] 耿飞,尹万云,习雨同,等.泡沫混凝土孔隙结构的试验研究[J].硅酸盐通报,2017,36(2):526-532.

[11] 陈照峰,张俊雄,王伟伟,等.真空绝热板技术的研究现状及发展趋势[J].南京航空航天大学学报,2017,49(1):1-16.

[12] 周立鸣,钱立军.真空绝热板[J].新型建筑材料,2004(2):54-56.

[13] 杨春光,徐烈,张卫林.一种高效绝热技术——真空绝热板[J].真空,2006,43(1):70-73.

[14] 潘祖仁.高分子化学[M].北京:化学工业出版社,2014.

[15] 施明恒,宗祥康.聚氨酯泡沫塑料的导热系数和热老化机理[J].东南大学学报,1989(1):32-39.

[16] 朱吕民,刘益军.聚氨酯泡沫塑料[M].北京:化学工业出版社,2005.

[17] 邵洪江,孙风金,丁铸,等.粉煤灰泡沫混凝土研究[J].山东建材,1999(2):3-6,21.

[18] 张磊,杨鼎宜.超轻泡沫混凝土的研究及应用现状[J].混凝土,2005,(8):45-46.

[19] 邓雯琴.纤维混凝土的孔结构特征与耐久性分析[D].大连:大连交通大学,2010.

[20] 吴中伟,廉惠珍.高性能混凝土[M].北京:中国铁道出版社,1999.

[21] Rößler M, Odler I. Investigations on the relationship between porosity, structure and strength of hydrated portland cement pastes I. Effect of porosity[J]. Cement and Concrete Research,1985,15(2):320-330.

[22] Campbell-Allen D, Thorne C P. The thermal conductivity of concrete[J]. Magazine of Concrete Research,1963,15(43):39-48.

[23] Zimmerman R W. Thermal conductivity of fluid-saturated rocks[J]. Journal of Petroleum Science and Engineering,1989,3(3):219-227.

[24] Mydin M A O. Effective thermal conductivity of foamcrete of different densities [J]. Concrete Research Letters,2011,2(1):181-189.

[25] Khan M I. Factors affecting the thermal properties of concrete and applicability of its prediction models[J]. Building and Environment,2002,37(6):607.

[26] Li C D,Chen Z F,Boafo F E,et al. Effect of pressure holding time of extraction process on thermal conductivity of glass fiber VIPs[J]. Journal of Materials Processing Technology,2014,214(3):539-543.

[27] Li C D,Duan Z C,Chen Q,et al. The effect of drying condition of glass fiber core material on the thermal conductivity of vacuum insulation panel[J]. Materials & Design,2013,50:1030-1037.

[28] Li C D,Chen Z F,Boafo F E,et al. Determination of optimum drying condition of VIP core material by wet method [J]. Drying Technology, 2013, 31 (10): 1084-1090.

[29] 温永刚,王先荣,杨建斌,等.真空保温隔热板(VIP)技术及其发展[J].低温工程, 2008(6):35-39.

[30] Jae-Sung K,Choong H J. Effective thermal conductivity of various filling materials for vacuum insulation panels[J]. International Journal of Heat and Mass Transfer, 2009,(52):5525-5532.

[31] 陈照峰,李承东,陈清,等.真空保温隔热板芯材研究进展[J].科技导报,2014,32 (9):59-62.

[32] 阚安康,韩厚德,纪珺,等.开孔聚氨酯真空保温隔热板芯材的研究[J].聚氨酯工业,2007,22(4):42-44.

[33] 关军,储成龙,张智慧.基于投入产出生命周期模型的建筑业能耗及敏感性分析[J].环境科学研究,2015,28(2):297-303.

[34] 王未,谢静超,刘加平,等.复合墙体中相变层相对导热系数计算方法[J].哈尔滨工业大学学报,2017,49(2):116-123.

[35] 张伟平,王浩,顾祥林.粗骨料随机分布对混凝土导热性能的影响[J].建筑材料学报,2017,20(2):168-173.

[36] 刘大龙,赵辉辉,刘向梅,等.不同含水率下生土导热系数测试及对建筑能耗的影响[J].土木建筑与环境工程,2017,39(1):20-25.

[37] 王艳芬,裴若娟.几种新型屋面保温隔热材料[J].建筑技术,2001(10):694-695.

[38] Cröll A, Tonn J, Post E, et al. Anisotropic and temperature-dependent thermal conductivity of PbI 2[J]. Journal of Crystal Growth,2017,466:16-21.

[39] 成聪慧.高温对掺废橡胶粉高强高性能混凝土性能的影响[D].太原:太原理工大学,2015:10-16.

[40] 姚新红,成聪慧,杜红秀.高温后橡胶混凝土抗压强度变化及孔结构分析[J].混凝土,2015(12):28-29.

[41] 吴清仁,曾令可,刘振群,等.岩矿棉隔热材料导热系数与密度及温度的关系[J].陶瓷学报,1997,18(3):141-144.

[42] 吴清仁,曾慧,奚同庚.密度和温度对岩矿棉材料导热系数的影响[J].新型建筑材料,1997(5):16-17.

[43] 贺玉龙,赵文,张光明.温度对花岗岩和砂岩导热系数影响的试验研究[J].中国测试,2013,39(1):114-116.

[44] 贺玉龙.三场耦合作用相关试验及耦合强度量化研究[D].成都:西南交通大学,2004.

[45] 张玉辉,穆秀君,隋承鑫,等.无机绝热材料导热系数影响因素的研究[J].中国建材科技,2013(4):1-2.

[46] 王浩,侯素兰,董亮.环境温、湿度对绝热保温材料导热系数影响的实验研究[J].工业计量,2012(s2):41-43.

[47] 蔡杰,林鸿,张金涛.绝热材料导热系数随相对湿度变化关系的研究[J].建筑科学,2013,29(6):67-72.

[48] 王刚,李宪者,张荣山.轻型房屋屋面承重钢结构优化设计[J].钢结构,2011,26(12):45-49.

[49] 李月锋,张东.膨胀石墨/LiCl-NaCl复合相变材料导热系数各向异性[J].功能材料,2013,44(16):2409-2415.

[50] 张洋,李月锋,李明广,等.相变储能材料循环热稳定性及与容器相容性研究概况

[J].材料导报,2011,25(19):18-23.

[51] 李明广,张洋,李月锋,等.相变蓄热单元的研究进展[J].材料研究与应用,2011,5(2):77-81.

[52] 孔凡红.新建建筑围护结构干燥特性及其影响研究[D].哈尔滨:哈尔滨工业大学,2010.

[53] 朱珠.围护结构内湿传递对建筑能耗的影响[D].南京:南京大学,2016.

[54] 龙激波.基于多孔介质热质传输理论的竹材结构建筑热湿应力研究[D].长沙:湖南大学,2014.

[55] Pandey R N, Srivastava S K, Mikhailov M D. Solutions of Luikov equations of heat and mass transfer in capillary porous bodies through matrix calculus: A new approach[J]. International Journal of Heat and Mass Transfer,1999,42(14):2649-2660.

[56] Woodside W, Kuzmak J M. Authors' reply to de Vries and Philip's discussion of "Effect of temperature distribution on moisture flow in porous materials"[J]. Journal of Geophysical Research,1959,64(11):2035-2036.

[57] 张小彬,朱卫兵,谭斯鹏.一维多孔介质热湿耦合传递问题的解析解[J].哈尔滨工程大学学报,2011,32(8):984-987.

[58] 苏向辉.多层多孔结构内热湿耦合迁移特性研究[D].南京:南京航空航天大学,2002.

[59] 陈德鹏.基于多物理场耦合的混凝土湿热变形数值模拟[J].东南大学学报(自然科学版),2013,43(3):582-587.

[60] 王娟,苏红艳.基于 BIM 技术的建筑节能复合材料应用[J].塑料工业,2017,45(3):168-171.

[61] 李金凯,刘宗明,赵蔚琳,等.纳米流体导热系数实验研究进展[J].化工新型材料,2010,38(3):10-12.

[62] 王未,谢静超,刘加平,等.复合墙体中相变层相对导热系数计算方法[J].哈尔滨工业大学学报,2017,49(2):116-123.

[63] 雷克,吴杰,张其林,等.玻璃幕墙传热系数计算方法及工程应用[J].土木建筑与环境工程,2013,35(2):66-72.

[64] 黄神恩,王中平,丁杨.屋面双板复合保温隔热材料方案设计与性能分析[J].新型建筑材料,2018,45(2):66-69

[65] 王云霞,唐晋娥,董有尔,等.建筑材料导热系数的自动化测量[J].实验技术与管理,2009,26(2):48-50.

[66] 肖建庄,宋志文,张枫.混凝土导热系数试验与分析[J].建筑材料学报,2010,13

(1):17-21.

[67] 刘晓燕,郑春媛,黄彩凤.多孔材料导热系数影响因素分析[J].低温建筑技术,
　　　2009,31(9):121-122.

[68] 郭时光.Fourier 积分公式的证明及教学[J].科教导刊,2010(18):33-34,41.

[69] 郭迪威.数字导热系数测定系统研制[D].哈尔滨:哈尔滨工业大学,2015.

[70] 于水,崔雨萌,冯驰,等.稳态法测试保温材料导热系数的系统性误差[J].建筑科
　　　学,2016,32(10):50-54.

[71] 贾斐霖,李林,史庆藩.稳态法测算导热系数的原理[J].材料科学与工程学报,
　　　2011,29(4):609-613.

[72] 徐宜发.非稳态法与准稳态法测量热系数[J].推进技术,1994,15(1):81-86.

[73] 吴华盛,刘德才,俞华兵.恒温恒湿生化培养箱的设计[J].华南理工大学学报(自
　　　然科学版),1988(1):79-87.

[74] 王冉,张谦.对夏热冬冷地区建筑节能的几点思考[J].中州建设,2006(10):37.

[75] 谭业文,王曙光,徐锋,等.COMSOL Multiphysics 在混凝土耐久性研究中的应用
　　　现状[J].硅酸盐学报,2017,45(5):697-707.

[76] 孙大明,周海珠,田慧峰.建筑热桥研究现状与展望[J].建筑科学,2010,26(2):
　　　128-134.

[77] 胡平放,胡幸生.热桥对居住建筑外墙传热性能的影响分析[J].土木工程与管理
　　　学报,2003,20(4):31-33.

[78] 任俊.热桥的影响区域[J].暖通空调,2001,31(6):109-111.

[79] 黄俊,张逸超,戴绍斌,等.夏热冬冷地区常见保温体系热桥对比研究[J].武汉理
　　　工大学学报,2015,37(7):84-87.

[80] 杨晚生,郭开华.模块化植被屋面隔热层性能测试分析[J].新型建筑材料,2011,
　　　38(2):40-42.

[81] 汪帆,杨若菡.改进架空屋面隔热效果的理论与实践[J].华侨大学学报(自然版),
　　　1994,15(3):309-312.

[82] 丁杨,周双喜,王中平,等.保温隔热层构造形式确定与三维传热模拟[J].塑料工
　　　业,2017,45(11):150-152.

[83] 刘华存.基于三维稳态传热模拟的自保温系统热工性能研究[D].杭州:浙江大
　　　学,2016.

[84] 许凯,袁艳平,曹晓玲,等.建筑节能窗传热维数的数值分析[J].工业建筑,2014,
　　　44(s1):75-79.

[85] 王补宣,虞维平.在第三类边界条件下测定含湿多孔介质热湿迁移特性的方法
　　　[J].工程热物理学报,1987,8(4):363-369.

[86] 武亮,王菁,何修伟,等.多面体骨料大体积混凝土三维细观模型生成[J].应用力学学报,2015,32(4):657-663.

[87] 沈致和.围护结构三维导热的有限元分析[J].合肥工业大学学报自然科学版,2004,27(2):203-206.

[88] 孔方昀.温湿效应作用下外墙保温系统数值模拟与试验研究[D].沈阳:沈阳工业大学,2014.

[89] 张士萍,邓敏,唐明述.混凝土冻融循环破坏研究进展[J].材料科学与工程学报,2008,26(6):990-994.

[90] 李丽.湿热地区降雨对墙体传热的影响研究[D].广州:华南理工大学,2010.

[91] 陆春华,刘荣桂,崔钊玮,等.干湿交替作用下受弯开裂钢筋混凝土梁内氯离子侵蚀特性[J].土木工程学报,2014,47(12):82-90.

[92] 邸倩倩,陈华,律宝莹.办公楼夜间通风方式下室内热环境及节能分析[J].建筑节能,2008,36(6):20-22.

[93] 王馨,王海,施明恒,等.多孔介质快速干燥过程中热质耦合效应的研究[J].工程热物理学报,2001,22(3):344-347.

[94] 石红霞.能量守恒·焓·反应热[J].中学化学教学参考,2014(2):39-40.

[95] 杜梅霞.热湿传递综合作用下地源热泵运行特性分析[D].邯郸:河北工程大学,2011.

[96] 蔡攀攀.超高层巨型柱大体积混凝土温度应力及裂缝状况分析[D].天津:天津大学,2014.

[97] 徐聪聪.柴油机气缸盖热-流-固多场耦合仿真研究[D].太原:中北大学,2011.

[98] 刘彦宾,王晓涛,林波荣,等.建筑部品及设备生命周期能耗数据研究进展[J].建筑科学,2011(s2):255-262.

[99] 朱亮亮.绿色建筑部品智能化评价系统研究[D].西安:西安建筑科技大学,2009.

[100] 俞力航,杨星虎.多层住宅坡屋面保温层设计[J].新型建筑材料,2000(1):20-22.

[101] 畅君文,夏锦红.现代混凝土坡屋面结构设计[J].建筑科学,2008,24(5):1-4.

[102] 潘江,王玉刚.瞬态热线法导热系数测量的数值模拟[J].中国计量学院学报,2008,19(2):108-113.

[103] 戴荟郦.周期性温湿度作用下混凝土内部温湿度场的模拟计算[D].马鞍山:安徽工业大学,2014.

[104] Dantas L B, Orlande H R B, Cotta R M. Estimation of dimensionless parameters of Luikov's system for heat and mass transfer in capillary porous media[J]. International Journal of Thermal Sciences,2002,16(3):217-227.

[105] Luikov A V. Heat and mass transfer in Capillary-Porous bodies[J]. Advances in

Heat Transfer,1966,1(1):123-184.

[106] 胡国林,朱庆霞.瓷质砖湿坯对流干燥过程的传热传质研究[J].硅酸盐学报,2002,30(5):597-601.

[107] 杨包铭,肖宝成.多孔介质内部热质传递的等效耦合扩散模型[J].上海交通大学学报,1992,26(6):52-62.

[108] 苏向辉.多层多孔结构内热湿耦合迁移特性研究[D].南京:南京航空航天大学,2002.

[109] 韩玮.基于ANSYS石膏墙板养护干燥温度仿真及影响因素研究[D].长沙:中南大学,2007.

[110] Zientara M,Jakubczyk D,Litniewski M,et al. Transport of mass at the nanoscale during evaporation of droplets:The Hertz-Knudsen equation at the nanoscale[J].The Journal of Physical Chemistry C,2013,117(2):1146-1150.

[111] Persad A H,Ward C A. Expressions for the evaporation and condensation coefficients in the Hertz-Knudsen relation[J].Chemical Reviews,2016,1(14):695-700.

[112] 陈德鹏,钱春香.考虑Knudsen扩散影响的水泥基材料湿扩散系数[J].建筑材料学报,2009,12(6):635-638.

[113] 李震东,赵建福,鲁仰辉,等.池沸腾现象中热毛细对流的成因[J].空间科学学报,2008,28(1):38-43.

[114] Ward C A,Fang G. Expression for predicting liquid evaporation flux:Statistical rate theory approach[J].Physical Review E:Statistical Physics Plasmas Fluids & Related Interdisciplinary Topics,1999,59(1):429-440.

[115] Fang G,Ward C A. Examination of the statistical rate theory expression for liquid evaporation rates[J].Physical Review E:Statistical Physics Plasmas Fluids & Related Interdisciplinary Topics,1999,59(59):441-453.

[116] Marek R,Straub J. Analysis of the evaporation coefficient and the condensation coefficient of water[J].International Journal of Heat & Mass Transfer,2001,44(1):39-53.

[117] Hickman K,Kayser W. Temperature determinations of the vapor-liquid interface surface temperature determinations[J].Journal of Colloid & Interface Science,1975,52(3):578-581.

[118] 蒋敏,李海波.机械通气时气道湿化的进展[J].中华危重病急救医学,2012,24(7):443-446.

[119] 莫建松,杨有余,盛海强,等.脱硫石膏粒径分布与脱水性能实验研究[J].环境工

程学报,2013,7(11):4440-4444.

[120] 关淑君.耐水建筑石膏的试验研究[J].新型建筑材料,2005(2):1-3.

[121] 王兵.功能性纸面石膏板的应用及发展潜力[J].新型建筑材料,2009,36(10):61-64.

[122] 康燕.石膏型混合料工艺性能研究[D].太原:中北大学,2010.

[123] 康燕,靳玉春.石膏型干燥工艺研究[J].铸造设备与工艺,2009(5):29-31.

[124] 赵忠兴,石颖科,叶锦华.石膏型快速烘干工艺的研究[J].特种铸造及有色合金,2008,28(6):460-461.

[125] 王兰馨,赵忠兴,耿德军.添加剂对石膏型强度的影响[J].沈阳理工大学学报,2009,28(6):24-27.

[126] 夏纯洁,周觅,沈琴芳.重量法测定石膏中三氧化硫的不确定度评定[J].化学通报,2015,78(2):186-189.

[127] 吴蓉.脱硫石膏在水泥基材料中的应用[J].粉煤灰综合利用,2015(3):53-56.

[128] 张翔.影响纸面脱硫石膏板性能的因素及关键技术[D].西安:西安建筑科技大学,2014.

[129] 魏超平.论石膏板受潮后的行为[J].新型建筑材料.1995(3):6-9.

[130] 丁秋霞,王永生.纸面石膏板受潮挠度过大的原因分析及改善措施[J].新型建筑材料.2011,38(8):12-15.

[131] 王建东,姜淑君,董辉.基于 DOE 试验设计方法的某六缸柴油机国 V 性能开发[J].内燃机与动力装置.2014,31(4):21-25.

[132] Gao X, Wang H, Zhong Y, et al. Effects of magnesium and ferric lons on crystallization of calcium sulfate dihydrate under the simulated conditions of wet flue-gas desulfurization[J]. Chemical Research in Chinese Universities,2008,24(6):688-693.

[133] 潘利祥.燃煤电厂脱硫石膏品质影响因素及其对石膏制品的影响[C]//建筑材料工业技术情报研究所非金属矿研究室.第二届脱硫技术及脱硫石膏、脱硫灰(渣)处理与利用大会论文集,2008:4.

[134] 汪潇,杨留栓,朱新峰,等.K_2SO_4/KCl 添加剂对脱硫石膏晶须结晶的影响[J].人工晶体学报,2013,42(12):2661-2668.

[135] 何玉鑫,万建东,陶冬源,等.脱硫石膏晶须改善水泥性能的研究[J].材料导报,2013,27(11):125-129.

[136] 杨绿峰,陈正,王燚,等.混凝土中氯离子二维扩散分析的边界元法[J].硅酸盐学报,2009,37(7):1110-1117.

[137] 李冉,杨绿峰,陈正.混凝土中氯离子扩散的二维有限元法数值模拟[J].混凝土,

2008(1):36-39.

[138] 穆林钧.非饱和混凝土中水分二维传输的试验和细观数值模拟[D].大连:大连理工大学,2022.

[139] 陈宣东,刘光焰,王晓峰,等.基于混凝土三维 CT 重构氯离子扩散过程数值模拟[J].水电能源科学,2020,38(3):117-120.

[140] 王元战,何明伟,李青美,等.基于混凝土三维球形随机骨料模型的氯离子扩散细观数值模拟[J].水道港口,2017,38(1):59-65.

[141] 周哲慧.混凝土随机凸多面体骨料细观数值模型及氯离子扩散模拟研究[D].天津:天津大学,2021.

[142] 余红发,孙伟.混凝土氯离子扩散理论模型[J].东南大学学报(自然科学版),2006(S2):68-76.

[143] 余红发,孙伟,麻海燕.混凝土氯离子扩散理论模型的研究 I:基于无限大体的非稳态齐次与非齐次扩散问题[J].南京航空航天大学学报,2009,41(2):276-280.

[144] 余红发,孙伟,麻海燕.混凝土氯离子扩散理论模型的研究 II:基于有限大体的非稳态齐次与非齐次扩散问题[J].南京航空航天大学学报,2009,41(3):408-413.

[145] 鞠学莉,吴林键,刘明维,等.考虑氯离子侵蚀维度的钢筋混凝土码头服役寿命预测[J].材料导报,2021,35(24):24075-24080,24087.

[146] 田野,纪豪栋,田卒士,等.混凝土中氯盐传输的三维细观模型[J].建筑材料学报,2020,23(2):286-291.

[147] Jiang H, Tian Y, Jin N, et al. Effect of aggregates spatial distribution on three-dimensional transport of chloride ions in reinforced concrete[J]. Construction and Building Materials,2020,259:119694.

[148] Yu S, Jin H. Modeling of the corrosion-induced crack in concrete contained transverse crack subject to chloride ion penetration[J]. Construction and Building Materials,2020,258:119645.